AF568960

zukunftsInstitut

DIE BESTEN WERKZEUGE UND METHODEN, SELBST DIE ZUKUNFT ZU GESTALTEN

MEGA TREND RESEARCH

Harry Gatterer
Stefan Tewes

MURMANN

CONTENT

Raus aus der Guru- und Influencer-Falle!

Was Zukunftsforschung nicht ist – und warum wir sie neu denken und betreiben müssen

Die Zukunftsforschung ist tot – es lebe die Zukunftsforschung!

Das ist die Kernthese des vorliegenden Buches, mit dem wir einen Beitrag für belastbare und anwendbare Ansätze in der Trend- und Zukunftsforschung leisten werden. Denn genau das ist dringend geboten. Wir leben in einer Welt, in welcher der Wunsch von Unternehmen und Individuen nach einer planbaren, gestaltbaren Zukunft vielerorts nur mehr nostalgisch-romantischen Charakter zu haben scheint.

Sichere Zukunft war gestern.

Massive geo- und wirtschaftspolitische Veränderungen, Krieg in Europa, Energiewende, Pandemie-Risiken, Fake-News-Debatten und neue Technologien zeigen uns auf, dass die Zukunft nicht durch einfaches Fortschreiben aus der Vergangenheit zu gestalten ist.

Andererseits ist und bleibt eine planbare Zukunft für Unternehmen erfolgsentscheidend.

Zukunft muss möglichst berechenbar sein, damit unternehmerische (Investitions-)Entscheidungen für das nächste Jahrzehnt und darüber hinaus auf eine fundierte Basis fallen können.

Unternehmen leben davon, dass sie Geld ausgeben, um – in Zukunft – mehr Geld einzunehmen. Behörden, Stiftungen, Regierungen, Schulen usw. funktionieren genau andersherum: Sie nehmen erst Geld ein, um dieses später auszugeben. Der Fokus dieser Einrichtungen liegt also in der Generierung von Geld. Die Zukunft dient als Tapete für das Geldeinnehmen – Versprechen, Ideologien und Konzepte der Zukunft werden eingesetzt und mit Kapital verbunden. Die Realisierung der Ideen ist dann eher sekundär.

Die Zukunft bleibt ein offenes Versprechen und kann – je nach Stimmungslage – adaptiert werden.

Für Unternehmen ist die Zukunft eine Variable. Mit dem Einsatz von Mitteln wird auf Zukunft oder Zukünfte gesetzt: Erst wird das Geld ausgegeben – durch Investitionen, Löhne, Infrastrukturen –, und später, also in der Zukunft, kann dieses als Gewinn realisiert werden. Daher ist die Qualität, mit der Zukunft antizipiert werden kann, für Unternehmen lebensentscheidend. In dieser, der Zukunft, deuten sich neue Knappheiten, mögliche Bedürfnisse und Optionen an.

Nun war die Zukunft nie eindeutig. Sie zeigt sich nicht vollumfänglich, und eine Berechnung zukünftiger Ereignisse ist selbst mittels digitaler Superintelligenz nicht möglich. Vielmehr hat der Grad an Unsicherheit in Bezug auf die Zukunft einen neuen Höhepunkt erreicht. Damit wächst die Unruhe. Gleichzeitig nimmt die Komplexität im Hintergrund zu.

WACHSENDE KOMPLEXITÄT

▶ Zu einem Synonym für Unsicherheit und Unberechenbarkeit hat sich der Begriff Komplexität entwickelt. Hinter Klagen über die Komplexität der Verhältnisse steht häufig die Angst vor einer unbeherrschbaren Zukunft.

Wir bezeichnen mit Komplexität das Resultat aus der Masse an Faktoren und Elementen, die die Zukunft beeinflussen, und die Dynamik ihrer veränderten Beziehungen.

Die so verstandene Komplexität unserer Welt wird nicht ab-, sondern weiter zunehmen. Es wird sowohl mehr Elemente als auch veränderte Beziehungen geben. Ein wichtiger Treiber ist die zunehmende Interaktion zwischen Menschen und Maschinen. Es gibt keine Konversationen mehr, in denen Technologie keine Rolle spielt. In der einfachsten Form nutzen wir Technologien, um mit anderen zu kommunizieren.

Eine Aufzählung dieser Technologien ersparen wir Ihnen: Sie wissen ja selbst, wie Sie arbeiten. Stellen Sie sich nun vor, wie viel mehr Kommunikation zwischen humanen und technologischen Elementen existieren wird und wie dynamisch diese Beziehungen sein werden. Diese Dynamik macht deutlich, dass in zeitlicher Betrachtung Unveränderliches veränderlich wird.

Nichts ist für die Ewigkeit, und nahezu unverrückbare Tatsachen sind im Laufe der Zeit nur temporäre Gegebenheiten.

Ob wir über das Römische Reich, die Mauer oder über die alten Vorschriften in Ihrem Unternehmen sprechen. »Das haben wir schon immer so gemacht« ist kein Leitsatz in der Hochgeschwindigkeitswelt von heute. Aber die Komplexität umfasst noch weitere Elemente: enge Kopplungen mit einer Vielzahl von Rückkopplungen beziehungsweise Feedbacks zwischen den Elementen.

Wichtig ist, zu erkennen, dass die Nichtlinearität ausschlaggebend für unsere Unsicherheit ist.

Die zeitliche und die räumliche Trennung führen generell zur Nichtlinearität von Ursache und Wirkung. Soll heißen, dass wir von überall in der Welt zu jedem erdenklichen Zeitpunkt Entscheidungen treffen können. In diesem Kontext müssen wir verstehen, dass nicht die eine, die richtige Komplexität existiert.

Komplexität wird durch subjektive Wahrnehmung bestimmt.

Die Entkopplung von Raum und Zeit sowie die einhergehende Schnelligkeit der Veränderung und Entscheidungsnotwendigkeit wird individuell als unterschiedlich bedrohlich angesehen. Expertise ist sofort – also instant – möglich. Schnelligkeit führt zu Opportunität und folglich zu mehr Wechselbeziehungen.

Die Adaptivität wird zum neuen Mantra der Zukunft. Unternehmen, Menschen, Nationen entwickeln sich weiter, und ständige Anpassung ist die Folge. Für Deutschland nicht unbedingt eine Kernkompetenz. Planung und Kontrolle, Stabilität und Ordnung sind hier eher zu nennen. Und genau in diese Welt der überlasteten Wahrnehmungsmöglichkeiten und der Begrenzung der Steuerung führen nun digitale Technologien zu noch mehr Verknüpfung, noch mehr Schnelligkeit und noch weniger Beständigkeit.

Wer nie gelernt hat, sich anzupassen, hat es nun schwer.

Die Folge: Wir suchen Erkenntnis. Wir suchen den richtigen Weg. Doch Wege sind neuerdings nur kleine Schritte, die iterativ angepasst werden müssen. Und diese Anpassung kann nur aus dem Inneren eines Unternehmens kommen. Wer seine Zukunft an eine externe Steuerung koppelt – egal ob an Berater oder Regierung –, hat vermutlich eine schwierige und steinige Zukunft vor sich.

Eines ist in der heutigen Komplexitätsdebatte noch wichtig zu erwähnen: Betrachteten wir Unternehmen einst als soziale Konstrukte, müssen wir heute den Einzug des technischen Systems erwähnen. Unternehmen funktionieren nicht mehr ohne Technologie. Egal, ob zur Erkenntnisgewinnung, zur Verbindung von Menschen oder Menschen mit Maschinen (Konnektivität) oder um neue Menschen zu erreichen.

Technologie ist der Schmierstoff unserer Highspeed-Welt.

In der heutigen Zeit tritt in den Dialog von Menschen eine Maschine als aktiver Player hinzu: KI-gesteuerte Chatbots.

Dramatischer Wandel findet auch beim Lesen von Zeitungen und Zeitschriften statt.

Üblicherweise basiert die publizistische Welt auf dem Dialog eines Journalisten mit dem Leser. Stimmt das noch? Oder wird der Text zum Teil bereits durch künstliche Intelligenz generiert? Wie etwa das Setzen von Wortfiltern, das Markieren von Posts als »fake« oder »real«, die Interaktion von Algorithmen in Kaufprozessen. Alles Formen, in denen Menschen mit Menschen und Maschinen interagieren. Meist unsichtbar. Meist in Echtzeit. Und vor allem auch komplex. Mit Dynamik und hoher Veränderung. Kein Wunder, wenn ein Aufschrei zur Reduzierung laut wird.

Verbote und Regulierung sind die neuen Skalpelle der Komplexität.

Das, was nicht beherrschbar ist, muss reguliert werden: Daten, Gesundheit, Bildung etc. Aber: Komplexität lässt sich nicht reduzieren. Nicht in einer global vernetzten Welt. Die Folgen sind nicht direkt ersichtlich. Es gilt die Nichtlinearität von Ursache und Wirkung. Das trifft übrigens auch für ökologische Systeme zu.

Selbst wenn Sie versuchen wollen, ein Gespräch zwischen Menschen zu führen, ohne dass eine Technologie involviert ist, gelingt dies kaum mehr. An der Kaffeemaschine beim Small Talk ist die Hand am Smartphone. Oder in abhörsicheren Räumen, in denen Technologie zur Abschottung von Abhörtechnologie eingesetzt werden muss.

Machen Sie mal das Experiment und schalten einen Tag Ihr Internet ab.

Wie wir es auch drehen: Konversationen jeglicher Art sind immer Gespräche von Menschen mit Menschen und mit Maschinen. Das alles führt zu mehr – genau – Komplexität. Was aber nicht heißt, dass uns diese wachsende Komplexität über den Kopf wachsen muss.

Es geht nicht um die Beherrschung von Komplexität im Sinne von Reduktion, sondern um den Umgang mit Komplexität.

Beispiel Autofahren: Die Komplexitätsanforderungen sind in der ersten Fahrstunde am höchsten. Tausende von Impressionen der Straße, Hunderte von Akteuren, die sich gleichzeitig individuell – wenn auch nach gewissen Regeln – bewegen. Unerwartete Ereignisse, mit denen man jederzeit zu rechnen hat. Und dann noch die Fülle an Steuerungsnotwendigkeiten: lenken, bremsen, beschleunigen; kuppeln und manuell schalten; visuelle und akustische Reize. Würden wir alle Geschehnisse rund um eine einzige Minute Autofahren beschreiben wollen, bräuchte man eine ganze Lebensspanne dafür.

Ob aus Komplexität Überforderung resultiert, ist eine sehr subjektive Sache.

Und genau hier greift die Erkenntnis: Komplexität ist nicht für alle gleich, sondern bedarf der individuellen Einschätzung. Was wiederum harte Konsequenzen mit sich bringt: In einer komplexen Welt müssen wir uns wieder mit dem Individuum beschäftigen.

Zurück zum Auto. Wir lernen mit der Zeit, mit dieser Komplexität im Straßenverkehr umzugehen. Unsere Komplexitätserfahrung ist ein entscheidender Faktor für den erfolgreichen Umgang mit komplexen Situationen.

Je besser wir Instrumente für den Umgang mit Komplexität nutzen können, desto besser kommen wir mit ihr zurecht.

So haben im Straßenverkehr Navigationsgeräte dafür gesorgt, mit der Vielzahl an möglichen Abbiegeoptionen besser zurechtzukommen. Und das Training im Alltag – Autofahren – hilft uns, mit schwierigeren Situationen zurechtzukommen. Dabei gelingt es nicht, die Komplexität des Straßenverkehrs zu reduzieren – es sei denn über gravierende Regelungen wie die Abschaffung einer Straße in einem Wohngebiet. Immer häufiger sehen wir aber das Gegenteil: etwa die »Shared-Spaces«, in denen alle Akteure, vom Fußgänger bis zum Lkw, gleichwertig sind, diese Räume erhöhen die Komplexität und erzeugen eine stärkere Achtsamkeit im Augenblick. Und es funktioniert.

Wer heute in der Wirtschaft den Anspruch erhebt, Komplexität reduzieren zu wollen, ist ein Scharlatan – oder ein Anhänger von Zwangsmaßnahmen und »geplanter Wirtschaft«.

Zum Beispiel reduziert die Abschaffung einer Straße in einem Wohngebiet die Komplexität der Straße »per Zwang«. Will sagen: Nur Regeln oder Subventionen können die Komplexität zumindest für eine gewisse Zeit beeinflussen. Denn nur so lässt sich Komplexität reduzieren. Das gilt auch für das Bildungssystem, Gesundheitssystem, Bahnsystem. Für viele Systeme.

Wer reduziert, erhöht nicht den Fortschritt, sondern schafft einen Raum, in dem Rückgang akzeptiert wird.

Viele dieser Schutzräume sind die letzten Bastionen, sich in einer komplexen Welt nicht anpassen zu müssen.

Nun führt uns diese Komplexitätszunahme in andere Zwänge, nämlich in ein höheres Innovationstempo. Global gesehen müssen wir schneller, besser und zielsicherer mit unseren Innovationen als je zuvor sein.

Mehr Komplexität bedeutet mehr Überraschungen, Grauzonen und Unsicherheiten.

Was wiederum bedeutet, dass wir häufiger die Gefahr erleben, abgehängt zu werden und uns schneller anpassen zu müssen. Um dem adäquat zu begegnen, brauchen wir neue Lösungen – fast täglich. Wir können nicht mehr auf die eine Innovation oder Transformation hoffen, die alles erlöst und alle Probleme beseitigt – das wäre die Hoffnung nach sprunghafter Komplexitätsreduktion.

Das alte Lewin'sche Paradigma des »Einfrierens« von Veränderungen wirkt obsolet. Der Sprung von der erlösenden Transformation zu wiederkehrenden Übergängen (Transitions) hat längst in unsere Lebenswelt Einzug gehalten. Wiederkehrende neue Lösungen schaffen neue Herausforderungen, das Spiel steigert sich, das Tempo nimmt zu. Die Erkenntnis nimmt indes ab, und so werden neue Lösungen gebraucht, um Erkenntnismuster zu identifizieren – weit über dem, was Menschen noch imstande sind zu erkennen.

Der Siegeszug der KI wird seinen Lauf nehmen.

Wenn Unternehmen so etwas wie Problemlösungsanbieter sein wollen, verwundert es nicht, dass auch das Tempo zunimmt, in dem Unternehmen gegründet werden und verschwinden. Die Fähigkeit, der Komplexität zu begegnen, ist nicht nur erfolgsentscheidend. Sie ist überlebenswichtig. Komplexität lässt sich nicht reduzieren, so viel können wir sagen. Aber sie lässt sich als Fundament für das Gestalten von Unternehmen nutzen.

Und damit sind wir wieder bei der Zukunft.

UNTERNEHMERISCHE ZUKUNFT BRAUCHT SYSTEMISCHES DENKEN

▶ Komplexität bedingt eine Vielzahl von Elementen, die sich ständig verändern. Um den richtigen Hebeln für Entscheidungen näher zu kommen, kommt einem Ansatz der von uns forcierten Zukunftsforschung eine besondere Rolle zu: das systemische Denken. Es liefert die richtigen Antworten für den Umgang mit Komplexität.

Ein systemisches Verständnis von wirtschaftlicher, gesellschaftlicher und ökologischer Wahrnehmung ermöglicht es, Zusammenhänge und Wechselwirkungen zu identifizieren und die richtigen Schlüsse zu ziehen.

Aus dieser Art der systemischen Beobachtung lassen sich valide Fundamente errichten, auf denen zum Beispiel Investitions- und andere unternehmerische Zukunftsentscheidungen getroffen werden können.

Jegliche Form des Denkens über unternehmerische Zukunft ist subjektiv.

Der ständige Versuch der Objektivierung beziehungsweise der Wahrheitsfindung führt uns zu einer wachsenden Beobachtungshysterie, die sich in datenbasierten Zeiten in unendlichen Dashboards vereint. Zukunft ist, wie wir den Fortschritt innerhalb der Komplexitätsdebatte erkennen, jedoch nicht linear-objektiv, sondern als ein subjektiv wahrgenommenes Bild.

Folglich taugt eine rein kennzahlengetriebene Unternehmenspolitik als Entscheidungsbasis für Zukunftsfragen ebenso wenig wie »Narrative«, die losgelöst von der wirtschaftlichen Wahrheitserzählung entwickelt und kommuniziert werden. Häufig wird die Zukunft auf dem einen oder anderen Extrem errichtet.

Sprich: Entweder werden große Zukunftsbilder ohne eine kennzahlen- beziehungsweise ressourcenbasierte Grundlage dargelegt, oder es werden ökonomische Zahlen ohne eine Erzählung ausgegeben, wie diese erreicht werden sollen.

Vereinfacht lässt sich sagen: Werden große neue Führungsleitlinien entwickelt und kommuniziert, die keine ökonomische Entsprechung in Lohn- und Anreizsystemen haben, führt dies ebenso zum Misserfolg wie ökonomische Vorgaben oder Kennzahlen, die nicht an das Zukunftsnarrativ gekoppelt sind.

Der Ökonom und Nobelpreisträger Robert J. Shiller erzählt in seinem Buch *Narrative Economy*, wie sehr das ökonomische Denken von Zahlen, Formeln und linearen Fortschreibungen geprägt ist. Shiller weist ausführlich nach, wie Narrative, Geschichten über die Zukunft unter spezifischen Konstellationen zur künftigen Realität geworden sind – und die Ökonomie nur blind den Geschichten folgt.

Die Erfolgsstory rund um die Kryptowährung Bitcoin ist ein Paradebeispiel in Shillers Ausführungen. Die Erzählung am Rande von Legalität, die Verbindung einer globalen Tech-Elite, der mysteriöse und nie identifizierte Gründer. Alles Zutaten einer wunderbaren Geschichte.

Und siehe da: Sie wurde zur ökonomischen Realität. Am Ende seines Werkes fordert Shiller die Ökonomen auf, sich nicht nur mit Zahlen zu beschäftigen, sondern auch mit Narrativen. Sein schlichter Rat:

Lernen Sie zuzuhören. Denn aus den entdeckten Geschichten erwächst eine neue Zukunft.

Zur Beobachtung von Zukunft ist es angebracht, nicht das eine gegen das andere auszuspielen. Anwendbar wird Zukunftsforschung dann, wenn systemisch gedacht und gearbeitet wird. Denn aus der übergreifenden Verbindung von ökonomischen Effekten, die sich über Zahlen abbilden lassen, und Erzählungen, die auf tief in sozialen Systemen verwurzelte Entwicklungen hinweisen, lassen sich jene Trends ablesen, auf deren Wirkung die Zukunft wurzelt.

Systemisch werden aus Beobachtung von Veränderungstendenzen – kurz: Trends – starke Einsichten in die Wandlungskraft der Megatrends.

Die an uns häufig herangetragene Frage: »Auf welchen Trend müssen wir setzen?« lässt sich systemisch nicht beantworten. Der Kontext ist entscheidend. Wirkungsvoll ist das Setzen auf einen Trend nur selten. Vielmehr gilt es, die richtigen Bündel an Veränderungsbewegungen zu identifizieren, die als Verbund einen Effekt erzeugen.

So werden Zusammenhänge sichtbar, die wir im Alltag zwar spüren, aber bei klassischer, betriebswirtschaftlicher Betrachtung nicht erkennen können. Die klassische Betriebswirtschaft bleibt ohne systemische Vernetzung blind für den Wandel – umso mehr, wenn die steigende Komplexität die Welt beherrscht.

Es existiert keine einfache Lösung, wenn es um die Gestaltung der Zukunft geht.

Systemisches Denken ist die angemessene Denkgrundlage für die Herausforderungen einer komplexer werdenden Unternehmensumwelt. Dafür braucht es die fundierte Beobachtung von Entwicklungen und deren Wechselwirkungen. Durch die technologische Entwicklung und die weitere Konnektivität von Menschen und Maschinen – Stichwort »künstliche Intelligenz« – wird die Komplexität von Systemen weiter erhöht.

Der systemische Zugang macht jedenfalls Entwicklungsdynamiken und Komplexitätsarten weit besser sichtbar und nachvollziehbar als linear-kausale Ansätze.

Systemisches Denken ist alles andere als »alt«. Es hat zwar eine lange Tradition in der Theorie – aber nicht in der Praxis der Wirtschaft.

Da dem Anwender systemischen Denkens im Alltag viel Umdenken zugemutet wird, setzte es sich bisher kaum durch. Hier steht nicht die einfache Lösung im Blickpunkt, sondern es bedarf einer neuen Ausrichtung. Eher in den Nischen der Organisationsberatung, in den soziologischen Wirtschaftsdebatten oder im Coaching hat das systemische Denken bisher den Wirtschaftsraum berührt, jedoch (noch) nicht erobert.

Dennoch stößt es immer wieder auf Unverständnis: »Zu kompliziert, nicht alltagstauglich, zu abstrakt, versteht keiner.« Doch die Zeiten haben sich geändert. Einfache Lösungen existieren nicht mehr. Was zunehmend mehr Managern und Managerinnen auch bewusst wird.

Gegenteile systemischen Denkens sind Simplifizierung und Reduktion auf Glaubenssätze oder Behauptungen.

Oder das gute alte Zerteilen in Teilaufgaben. Sie wissen schon. Übrigens ist auf dieses Zerteilen immer noch unser Wissenschafts- und Bildungssystem aufgebaut. Alles in kleine Häppchen zerschneiden. So lässt sich die Gesamtwirkung nicht mehr erahnen – Kontraintuitivität ist die Folge. Das heißt, dass wir Annahmen über das Verhalten von Systemen – hier Unternehmen – machen, die zu großen Teilen nicht eintreffen werden. Zerteilen ist einfach – jedoch meist wirkungslos.

Wer in seiner Fachdisziplin festhängt, für den sind alle Probleme auf dieselbe Weise zu lösen. Egal, ob es ein Arzt, Handwerker oder Manager ist. Zerteilen führte in der Vergangenheit zu

»lösbaren« Aufgaben. Zur Messbarkeit von Teilaufgaben und deren Bearbeitung. Der Taylorismus hat immer noch Hochkonjunktur.

In einer dynamischen und vernetzten Welt führt Zerteilen jedoch immer zu Problemen.

Etwa in der Supply Chain, die bricht, anstelle resiliente Netzwerke aufzubauen, oder in der Zergliederung in fakultative Einrichtungen, ohne das Problem zu tangieren. Mehr denn je ist Zusammenarbeit nicht nur auf der sozialen, sondern auch fachlichen Ebene unerlässlich. In einer digitalen Welt ein Business ohne IT aufzubauen ist genauso falsch, wie die IT nach neuen Geschäftsmodellen zu fragen. Auf das Zusammenspiel kommt es an.

In der alten Welt der einfachen Lösungen bestimmen Einzelne die »Wahrheit«.

Sie geben wahr und falsch vor und sind doch zunehmend wirkungslos. Dies ist das Metier von »Gurus« und »Influencern«, die sich mit »einfachen Wahrheiten« in bestimmten Öffentlichkeiten und Zielgruppen positionieren.

Die Eindimensionalität in der Analyse von Entwicklungen (wenn überhaupt eine Analyse vorliegt) sowie die Linearität als angenommene Entwicklungsbewegung von der Gegenwart in die Zukunft bringen Unternehmen nicht weiter. Auch wenn es unaufwendiger scheint, der simplifizierten, in Prosa gerahmten Erzählung von Gurus zu folgen: Erst der systemische Ansatz liefert die fundierte Grundlage für die Entwicklung und das Handeln von Betrieben.

Einziges Manko: Der systemische Ansatz ist anstrengend. Wie häufig werden Best Practices gefordert, um das eigene Denken outzusourcen.

NEUE ANTWORTEN, NEUE ANFORDERUNGEN

▶ Auch die lineare Zukunftsentwicklung im Sinn des alten »Steigerungsspiels« (Gerhard Schulze) – immer mehr, immer weiter – ist in vielen Bereichen Geschichte. Aber wie sieht eine Zukunft aus, die nicht mehr der Fortschreibung der Vergangenheit dient? Die nicht mehr die Vergangenheit extrapoliert? Die nicht mehr darauf fußt, welche großen Trends welche isolierten Auswirkungen auf Wirtschaft oder Gesellschaft haben? Wie beeinflussen sich diese Systeme? Vor allem: Wie kommt man von der Analyse relevanter Entwicklungen ins Handeln?

Dafür brauchen Entscheidungsträgerinnen und Entscheidungsträger mehr denn je belastbare Orientierungen und Antworten.

DAS ›AUSSEN‹ UND DAS ›INNEN‹ VEREINEN

▶ Ein Mittel des systemischen Denkens ist die Differenzierung. Oder anders gesagt: die Demarkation. Und in diesem Wortstamm erkennen wir, dass ein wenig systemisches Denken bereits Einzug gehalten hat. Die Marke oder das Marketing sind klare Ideen der Differenzierung. Die wichtigste Differenzierung ist die zwischen »Innen« und »Außen«.

Praktisch unser gesamtes Leben organisieren wir gemäß der Frage: Was ist innen, was ist außen?

Im Alltag zeichnen wir viele Trennstriche: Wer oder was befindet sich innen und wer oder was außen? Innen bezeichnet die Fläche neben dem Trennstrich, auf der man selbst steht. Als CEO eines Unternehmens fragen Sie sich: Wen ziehe ich bei strategischen Fragen ins Vertrauen – wer ist also im Inner Circle? Als Eltern mögen Sie sich fragen: Wollen wir den neuen Freund unserer Tochter wirklich in unserer Familie haben?

Selbst wenn Sie ein Ticket für ein Konzert kaufen, erwerben Sie den Zugang zum Innen. Weshalb attraktive Konzerte immer schnell ausverkauft sind: Denn das Innen ist immer mit Knappheit verbunden. Wie auch Bonus- und Prämienangebote mit der Idee einer besonderen Attraktivität durch das Dabeisein werben: in einem Family-Club, in einer Vielflieger-Lounge oder in einer begrenzten Vorverkaufszeit.

Die Exklusivität der Zugehörigkeit bietet Identität.

Das Ziehen dieses Trennstrichs bestimmt unser Leben. Unsere Wahrnehmung ist durch das Innen geprägt. Die Menschen, die uns in der Firma umgeben, bilden unseren beruflichen Wahrnehmungsrahmen. Sie sind unser Innen. In der Zukunft ist diese Unterscheidung essenziell.

Die Vorstellung der Zukunft geschieht immer in einem Innen. Deshalb gibt es keine Zukunft ohne das Innen. Von welcher Zukunft sprechen wir: von der Berlins, von der einer Partei, von der eines Unternehmens oder der eigenen Zukunft – alles unterschiedliche Zukünfte. Es gibt sicher Überschneidungen und Ähnlichkeiten. Aber keine identische Zukunft.

Die Zukunftsperspektivität ist die Grundlage, um gemeinsam an der Zukunft zu arbeiten.

Dieser Gedanke ist entlastend. Zukunft ist nicht vordeterminiert. Zukunft ist keine feste Haltestelle in der Lebenslinie, sondern ein aktiver Akt der Gestaltung.

Trends beschreiben in der Regel Entwicklungen im »Außen«. Sie beschreiben mithilfe von Worten und Daten wahrnehmbare Veränderungstendenzen – oder anders definiert: »Ein Trend ist eine zu beobachtende gesättigte Entwicklungstendenz«.

Die besondere Herausforderung für Entscheidungsträgerinnen und Entscheidungsträger besteht darin, Entwicklungen der »Außenwelt« auf das »Innen« des Unternehmens richtig zu beziehen. Trends, und speziell Megatrends, lassen sich nie 1:1 »umsetzen«.

Auf einen Trend zu setzen ist nahezu unmöglich.

Wir können Trends wahrnehmen, beim Namen nennen, beschreiben. Unternehmen müssen aber als soziale Systeme die dynamischen Veränderungen der Außenwelt angemessen verarbeiten. »Lebende Systeme sind immer auf den Austausch mit spezifischen Umwelten angewiesen«, sagt Fritz B. Simon. An den Schnittstellen (oder Sweet Spots) zwischen Innen- und Außenwelt entstehen neue Orientierungen für die Weiterentwicklung.

Die Grenzen zwischen »Innen« und »Außen« sind nicht unveränderlich, sie werden durch das Unternehmen und seine Mitglieder selbst konstruiert. Das ist vergleichbar mit der Familie, die klären muss, wie sie der neuen Lebenspartnerin oder dem neuen Lebenspartner eines Familienmitglieds gegenübersteht. Die Bedingung ist in der Organisation jedes

Unternehmens verankert: Agile Unternehmen mit vielen Netzwerkpartnern haben andere Grenzziehungen.

Das Prinzip aber bleibt: Erst durch die Setzung und das Erkennen der Innen-Außen-Differenz tut sich jener Raum auf, in dem Zukunft gestaltbar wird.

Durch die Grenzziehung entstehen im Innen Kommunikationsgemeinschaften, welche ihr eigenes Verhältnis zum Außen entwickeln. Spannend ist in diesem Kontext die Frage, ob Kunden im Innen oder im Außen des Unternehmens zu verorten sind. Die letzte Entscheidung können nur die Mitglieder eines Systems selbst treffen. Von daher muss jede Konstruktion eine subjektive sein, die durch Kommunikation erschaffen wird.

MEGATRENDS SIND NIE OBJEKTIV

▶ Die Beobachtung von Megatrends erfolgt nie aus einer »objektiven« Position heraus, sondern immer aus dem Inneren der Organisation. Von dort werden Bedingungen erzeugt, die dazu führen, dass ein Unternehmen einen Trend »sieht« oder eben nicht. Außerdem wird im Innen geklärt, wie relevant ein bestimmter Trend und seine Ausprägungen sind – oder auch nicht.

Schaut man sich die aktuellen Automobilunternehmen an, war es vor allem eine Firma, die eine systemische Kombination aus Trends im Außen – Elektromobilität, Batterietechnologie, Softwareentwicklung – auf ein durch Innovation getriebenes Innen beziehen konnte. Der Rest der Großindustrien strauchelt bis heute.

Die Entscheidung, wie ein Unternehmen »die Trends außen« wahrnimmt und mit ihnen arbeitet, fällt sehr unterschiedlich aus. Häufig sind es extreme Ereignisse, die zu einer veränderten Wahrnehmung des Innen einer Organisation auf das Außen führen.

Das berühmteste Beispiel der letzten Jahre ist das Homeoffice. Viele Jahrzehnte vorher wurden Debatten geführt, ob es geht oder nicht. Plötzlich musste es gehen. Eine extreme Situation hat die Wahrnehmung des Innen verändert. Ohne Homeoffice könnte sich das Innen – also das Unternehmen – nicht mehr bewegen.

Die Sicht auf die Welt hat sich für alle Unternehmen schlagartig gewandelt. Und wir alle wissen: Die Technologie hat diesen Sprung nicht erzwungen, sondern die mentalen Strukturen in den Unternehmen wurden angepasst. Und aufgrund des Extremereignisses wurde auch der Datenschutz pragmatisch umgesetzt.

Es geht doch – das Ereignis muss nur extrem genug sein.

Problematisch im Kontext der aktuellen Herausforderungen ist, dass die meisten Veränderungen sukzessiv und schleichend sind. Ein wenig Umsatzrückgang hier, ein wenig ökologische Veränderung und ein wenig mehr Technologie dort. Das Gleichnis vom gekochten Frosch kommt einem in den Sinn – indes sind die Ereignisse nicht groß genug, um flächendeckend eine Veränderung zu bewirken.

Organisationen entwickeln ihre eigenen Wirklichkeiten. Auch das kennen wir. Es gibt Betriebsblindheit und verbreitete Glaubenssätze. Dieser Prozess verstärkt sich durch Handlungen, die entweder kulturell oder strukturell determiniert sind.

Die Fähigkeit einer Organisation, das Außen wahrzunehmen, wird durch die innere Konstitution vorgegeben.

Das Design der Organisation ist für die Handlungen entscheidend. Genau hier müssen Organisationen ansetzen, um erfolgreich an der Zukunft zu arbeiten. Was harte Arbeit bedeutet.

Die Ergebnisse der klassischen Trend- und Zukunftsforschung finden sich häufig in den Publikationen der kommunikativen Abteilungen. Als schöne Präsentationen, schillernde Keynotes oder aufregende Buzzword-Orgien. Zukunft als eine Art positiver Erregung in der Organisation. Häufig jedoch ohne weitere Folgeeffekte. Denn Inspiration allein kann die Innenwahrnehmung von Organisationen nicht wandeln.

Und so bleibt die Arbeit an der Zukunft oft im Eventcharakter der Einmalveranstaltung stecken.

Zukunftsforschung, wie wir sie betreiben, ist ein wichtiger Partner zur Erkennung von Mustern und Tendenzen im »Außen«, die für das »Innen« des Unternehmens bedeutend sind oder werden. Es kommt darauf an, dass das »Außen« in seinen systemischen Entwicklungen kartografiert wird. Und das Innen – also die Organisation selbst – damit umgehen will und kann.

Sprich: Die Organisation muss über Fähigkeiten und Ressourcen verfügen, um an der Zukunft zu arbeiten. Sich im Innen einer Organisation ernsthaft und nachhaltig mit dem Wandel im Außen zu beschäftigen ist eine ernsthafte unternehmerische Aufgabe.

Zukunftsarbeit ist keine schöne Zukunftsshow.

Auch hier zeigt die Praxis: Manche setzen lieber auf einfache Erklärungen und Meinungen von »Gurus« zu den entscheidenden Zukunftsfragen. Das nimmt Unternehmen auf den ersten Blick Arbeit, auf den zweiten Blick jedoch die selbst erarbeitete Zukunft ab.

WER ZUKUNFT SÄT, WIRD GEGENWART ERNTEN

▶ Der Abschied von linearem Denken, das systemische Verständnis von Entwicklungen und Zusammenhängen, das Erkennen von Mustern: Diese neuen Anforderungen müssen die Zukunftsforschung prägen – und alle diejenigen ausstatten, die Ansprüche erheben, Kompetenz in Zukunftsfragen zu erwerben und zu verbreiten.

Tatsache ist: Die Zahl derer, die Zukunft anbieten, hat sich in den vergangenen Jahren vervielfacht. Social Media & Co. haben allen möglichen Akteurinnen und Akteuren rund um Zukunftsfragen neue Verbreitungsplattformen eröffnet, die intensiv genutzt werden. Der Qualität der Auseinandersetzung mit Zukunft hat das nicht unbedingt genutzt. Im Gegenteil:

Zukunft ist mehr denn je – im Wortsinn – zur Behauptungsfrage ohne Fundament geworden.

Viele Akteurinnen und Akteure hängen sich das Etikett »Zukunft« um, und viele Akteure fallen auf den schönen Zukunftsschein herein. Wo Zukunft draufsteht, ist nicht zwangsläufig Zukunft drin. Dass die Nachfrage nach Zukunftsorientierung groß ist, liegt in der Natur der Wirtschaft: Sie basiert per se auf dem Geschäft mit der Zukunft. Wer Unternehmen anbietet, ihnen mehr darüber Auskunft geben zu können, stößt in Zeiten von Unsicherheit und Orientierungslosigkeit auf offene Ohren.

Der Raum für Zukunft wird durch die Vielzahl der Stimmen und Positionen immer diffuser, man denke etwa an gewisse Influencer aus der »GenZ«, die »Boomern« und Unternehmen gerne die Welt erklären.

Zukunft wird jedenfalls auch von »Thinktanks« im Schlepptau von interessenpolitischen Organisationen behauptet, die Papers, Studien und ähnliche Dokumente subventionswirksam produzieren. Öffentlichkeitsaktive Zukunftsbehaupter sind zunehmend auch

Kommunikationsagenturen, die – oft gemeinsam mit Partnern – für Unternehmen Leistungen erbringen, die in die Kategorie Marketing fallen.

Natürlich sind es einzelne Unternehmen auch selbst, die aufgrund ihrer Innovationsaktivitäten Zukunft behaupten. Nicht umsonst werden immer wieder ähnliche Betriebe vor den Vorhang gezerrt, wenn es um Zukunft geht.

»Ich möchte das Netflix der …-Branche werden.«

Den Lückentext können Sie gerne selbst ergänzen. Wir alle kennen diese Sprechblase. Sie hilft vor allem Unternehmen und Mitarbeitenden, an eine Zukunft zu glauben, die sie gestalten können. Nach außen fallen derartige Aktivitäten vor allem in die Kategorie Werbung. Und unter dem Strich bleibt nicht viel übrig.

Jemand anderes sein zu wollen hat noch nie sehr geholfen, Fortschritt und positive Zukünfte zu kreieren.

Historisch ausgelegte Zukunftsbehaupter sind Universitäten und Hochschulen, die mit den Methoden der Wissenschaft die Zukunft extrapolieren. Je stärker es fakultativ besetzt ist, desto besser gelingt die Fortschreibung von Vergangenem. Die Wissenschaft hat große Sprünge gemacht, je präziser der Beobachtungsrahmen ist. Unterhält man sich mit einem Professor für Leichtbaufassaden über die Zukunftspotenziale der Fassade, erfährt man Zukunftsentwicklungen in einer Breite und Tiefe, die einen staunen lassen. Geht es dann aber in kontextuelle Dimensionen, sagen wir in die Branche »Bau«, wird die Substanz schon weniger – Zusammenhänge erkennen ist selten eine Paradedisziplin der Hochschulen.

Geht es um Megatrends und ihre Zusammenhänge, liefert die spezialisierte Wissenschaft kaum noch relevante Ergebnisse.

Das akademische Vakuum wollen Universalwissenschaftler füllen. Gerade Historiker haben sich mit ihrem Faible für »andere Zeiten« von Vergangenem auf das Parkett der Zukunft gewagt. Sehr häufig mit beschränkten Einsichten, aber mit viel Alarmismus im Gepäck.

Relevante Zukunftsbehaupter sind auch einzelne »Zukunftsforscher«, die Rechercheergebnisse unter anderem in Innovationsforen mit eigenen Interpretationen von Wirklichkeit und Zukunft verbinden. Trendforscher und Trendbüros behaupten ebenfalls Zukunft, recherchieren aber vor allem Innovationen und Innovationsnetzwerke. Sie leisten damit – mit grafisch attraktiven Trendcharts aufgehübscht – für Innovationsaktivitäten wertvolle Unterstützung, unterstützen mit ihren Leistungen aber nur in geringerem Ausmaß Zukunftsentscheidungen von Unternehmen, weil sie keine validen Aussagen über große Zukunftsentwicklungen anbieten können.

Es ist mehr Kommunikation als Zukunft. Wenngleich nicht unerfolgreich – siehe auch in der Politik –, wird Zukunft so nicht gestaltet.

Konjunktur in Sachen Zukunftsbehauptung haben seit einigen Jahren außerdem große internationale Innovationskonferenzen, die sich als »Leuchttürme« der Zukunft positioniert haben. Wer Inspiration und Gleichgesinnte sucht, ist dort richtig und kann spannende Innovationsspots und -blasen finden. Das systemische

Ausleuchten von Zukunftsräumen steht aber meist nicht auf dem Programm.

Eigene »Future Institutes« werden mittlerweile auch von den großen Beratungshäusern angeboten, wobei nicht immer klar ist, mit welchen Methoden Zukunft erforscht wird. Das Hinzuziehen quantitativer Daten spielt jedenfalls eine immer wichtigere Rolle. Es ist ein offenes Branchengeheimnis, dass die spezifischen Ergebnisse dieser Beratungsinstitute das Geschäft mit der Branche in Schwung bringen beziehungsweise in Bewegung halten soll.

Vorgefertigte Blaupausenzukünfte entstehen. Zukunft wird Produkt.

Eine neue Dynamik im Umgang mit Daten, aus deren Analyse Zukunft abgeleitet beziehungsweise behauptet wird, liefern zweifellos Anwendungen der künstlichen Intelligenz. Dass aus Analysen mit Daten die Grundlagen für neues Geschäft gestrickt werden, ist allerdings nichts Neues.

Das Ausmaß und die Tiefe der mit KI auswertbaren Daten hat sich natürlich massiv verändert und eröffnet jeder Forschungsdisziplin vollkommen neue Möglichkeiten. Die Datenanalyse ist nicht umsonst ein umkämpfter Bereich zwischen Unternehmen, aber auch am Arbeitsmarkt geworden.

»Daten sind das neue Gold«, schallt es häufig durch die Gassen. Dabei ist diese Metapher das Gold nicht wert, das es verspricht.

Allzu oft ersticken Organisationen in ihren Daten oder hängen zwischen Dashboards in den Seilen.

Die Daten sind nicht so relevant wie die Fähigkeit, diese zu analysieren und daraus echte Schlüsse zu ziehen. Wir können alles sehen, aber ob es das Richtige ist, darf bezweifelt werden. Erst recht, wenn diese Schlüsse Aussagen über die Zukunft liefern sollen. Gleichsam sind Daten ein wesentlicher Bestandteil von Zukunft: Ohne eine Evidenz per Daten wird es in Unternehmen kaum Zukunftsentscheidungen geben.

Das berühmte Bauchgefühl wird zunehmend durch Datenmessung ersetzt. Dies versetzt uns jedoch nicht in ein Roboter-Age: Aber je höher die Komplexität, desto sicherer können wir sein, dass unsere Intuition »falsch« trainiert wurde. Die Kontraintuitivität greift. So wird dem Bauchgefühl der digitale Assistent als Analyse- und Feedback-Tool zur Seite gestellt, um Zukunft nicht nur mit einem guten Gefühl zu interpretieren.

Für die Entdeckung der Zukunft lässt sich sagen: Sie befindet sich im Raum vor den Daten, und ohne sie ist die Zukunft nicht mehr zu haben. Wer also keine Analysekompetenz vorweisen kann, hat keine Zukunft.

ZUKUNFTS-KOMPETENZ AUS DER VOGEL-PERSPEKTIVE

▶ Die Vielzahl von Akteurinnen und Akteuren, die Zukunft behaupten, sorgt für extreme Unübersichtlichkeit und Unsicherheit bei Unternehmen. Welchem Zukunftsforscher kann man trauen? Welches Future Institute will nicht nur Beratungsaufträge verkaufen? Wo bekommt man mehr als nur Inspirationen für die Zukunft?

Der Blick aus der Vogelperspektive über das verfügbare Angebot an »Zukunftskompetenz« strukturiert das aktuelle Angebot – und ergibt drei unterschiedliche inhaltliche Konzeptionen und eine technologische Herangehensweise.

Das Guru-Konzept: Sehen statt wissen

Gesellschaft und Wirtschaft verlangen stets nach charismatischen Personen, denen besondere Kompetenzen zugeschrieben werden. Das ist eine historische Konstante – und gilt auch für die Zukunftsforschung. Lange haben Persönlichkeiten die Zukunftsforschung geprägt, die große Entwicklungen in der Wahrnehmung ihrer Anhänger rechtzeitig erkennen und richtig deuten konnten. Die Analogien zu religiös-spirituellen Konzepten waren und sind beim Guru-Konzept von Zukunftsforschung augenscheinlich. Auch der antike »Seher« fällt in diese Kategorie.

Zukunftsforschung nach dem Guru-Konzept bedeutet für Unternehmen im besten Fall viele inspirierende, motivierende Thesen und Impulse. Hauptsache, Energie fließt.

Klar ist es faszinierend, Menschen zuzuhören, die in der Lage sind, die Fantasie anzuregen. Oftmals agieren die Gurus nach dem Prinzip der Polarisierung: Ist der Mainstream auf der KI-Welle, behaupten sie gerne, dass KI überhaupt nicht intelligent ist. Oder aber Gurus versuchen den Zukunftsmainstream anzuführen und schaffen mit Nebelschwaden auf Bühnen Atmosphären, die einen als Passagier in ein Ufo einladen.

Wer erinnert sich nicht an die Bühnen voller »Google Glasses«, als der Suchmaschinengigant versucht hatte, einen digitalen Brillenmarkt zu erobern. »Das ist die Zukunft«, schallt es nur allzu oft von den Bühnen. Und ein fasziniertes Publikum staunt. Die Sache ist nur: Gurus sind in den allermeisten Fällen Einzelgänger. Sie sprechen über Zukunft, die aber auf der individuellen Bewertung meist anekdotischer Wahrnehmungen und vereinzelter statistischer Befunde beruht. Datenkompetenz und Evidenz sind zumeist nicht vorhanden.

Aber nichtsdestotrotz: »Gurus« haben in Wirtschaft und Gesellschaft weiterhin ihre Berechtigung. Motivation und Inspiration sind in vielen Bereichen unseres Zusammenlebens und natürlich auch in der Wirtschaftswelt wichtig.

Vielen Menschen können diese Guru-Shows (ob im Saal oder im Podcast) helfen, einen Blick über den eigenen Tellerrand hinzubekommen.

Die Meister ihres Faches hypnotisieren ihr Publikum mit Sprache und Bildern. Sie entlasten vom Alltag und öffnen neue Ideenquellen. Das kann sehr hilfreich sein und hat fast therapeutische Effekte. Eine belastbare Zukunftsforschung ist von dieser Konzeption allerdings nicht zu erwarten.

Das beweisen Berichte aus Unternehmen: Bei Veranstaltungen gelingt es entsprechenden »Gurus«, im Publikum »Feuer« für Zukunftsthemen zu entfachen. Es erweist sich jedoch oft als Strohfeuer ohne nachhaltige Auswirkung auf die Unternehmensentwicklung. Was auf der Bühne spannend klingt, ist im sozialen System der Unternehmen praktisch nicht anschlussfähig. Daher bleiben Gurus gerne unter sich. Auch viele CEOs sind in ihrer Selbstidee dem Guru ähnlich. Und genau an diesem Punkt entstehen häufig Verbindungen auf der persönlichen Ebene. Das kann befruchtend sein, belastbar ist es kaum.

DAS INFLUENCER-KONZEPT: REDEN STATT WISSEN

▶ Eines der speziellen Phänomene der Social-Media-Welt ist die wachsende Bedeutung sogenannter »Influencer«. Sie sind nicht nur ein attraktives Marketinginstrument für Wirtschaft und Politik, um bestimmte Zielgruppen mit Inhalten zu erreichen, die über herkömmliche Medienkanäle nicht oder nicht mehr erreichbar sind.

Influencer sind mit ihren Videos und Blogs zu Akteurinnen und Akteuren der Diskussion um Zukunftsfragen geworden. Sie wirken mit ihren Shows wie Wissende, finden Anhänger und ziehen diese in ihren Bann. Jedenfalls äußern sich Influencer aller Alterskategorien zu relevanten gesellschaftlichen und wirtschaftlichen Zukunftsfragen, wobei die Bandbreite der Meinungen und Thesen vom Klimathema bis hin zu Technologiethemen reicht.

Der Influencer als allwissender Allgelehrter.

Influencer wirken durch ihre Glaubwürdigkeit gegenüber beziehungsweise in bestimmten Zielgruppen. Ihre faktische Expertise spielt oft eine untergeordnete Rolle. Die Berliner Philosophin Natalie Knapp erläutert in ihrem Impuls zur »Psychologie von Netzwerken«, dass Influencer Influencer sind, weil sie keinen Bezug zum eigentlichen Inhalt haben. Sie forschen und begründen nicht, sondern sie fungieren als Lautsprecher diverser Einflussgeber.

Genau hier liegt ein Problem für Unternehmen, die Influencer nicht nur als Marketinginstrument, sondern als Zukunftsratgeber etwa zu Generationenfragen, KI-Hypes oder Enkelfähigkeit verstehen und nutzen wollen. Als Menschen punkten Influencer durch ihre Anschlussfähigkeit an Zielgruppen. Sie treffen den richtigen Ton und verwenden eine geeignete Sprache.

Ob Achtsamkeit oder Klimadebatten: Influencer sind keine Experten. Sie haben sich selbst für eine Art von Zukunft entschieden und verbreiten diese.

Mit fundierten, belastbaren Orientierungen über Zukunftsentwicklungen hat digitales Influencing in der Regel nichts zu tun. Nur weil Influencer Unternehmen raten, dieses oder jenes zu tun, sollte man sich nicht verführen lassen. Reality-Checks der »Zukunftsbefunde« von Influencern zeigen erschreckende wie erheiternde Ergebnisse. Besonders deutlich wird das, wenn Influencer Verschwörungserzählungen transportieren.

Wie für die Kategorie »Gurus« gilt: Influencer haben in der Wirtschaftswelt ihre Berechtigung. Sie werden zur Adressierung relevanter Zielgruppen weiter wichtig sein. Mit belastbarer Zukunftsforschung haben ihre Thesen in der Regel wenig zu tun. In diesem Bereich gilt für die Wirtschaft die klare Devise:

Raus aus der Influencer-Falle!

DAS CONSULTING-KONZEPT: TRANSFORMIEREN STATT ORIENTIEREN

▶ Im Zusammenhang mit der digitalen und ökologischen Transformation von Wirtschaft spielt professionelle Unternehmensberatung eine bedeutende Rolle. Das hochspezialisierte Know-how und die methodische Kompetenz von Beratungsunternehmen sind für die Planung und Umsetzung von strategischen Transformationsprojekten vielfach erfolgsentscheidend.

Ein gutes Beispiel sind die zahlreichen Data- und Mediahouse-Projekte, die in den vergangenen Jahren in großen Unternehmen und Institutionen realisiert wurden. Dadurch wurden Betriebe zu Playern im Kommunikationsbereich weiterentwickelt, was die öffentliche Positionierung und den Dialog mit wichtigen Zielgruppen wesentlich unterstützt.

Digitalberatung ist vor allem mit Blick auf Klein- und Mittelbetriebe ein wesentliches Handlungsfeld professioneller IT- und Unternehmensberatung.

Für die digitale Transformation des unternehmerischen Mittelstands und den Einsatz von KI-Anwendungen in Europa wird professionelle Beratung künftig immer wichtiger werden.

Auch wenn große Beratungsunternehmen meist frei zugängliche Reports und Studien zu zukunftsrelevanten Entwicklungen vorlegen (etwa Human Resources, künstliche Intelligenz, Produktivität), ist klar, dass die Kernkompetenz dieser Form der Beratung operative, betriebswirtschaftliche Fragen adressiert.

Die Orientierung von Unternehmen hinsichtlich großer, international wirksamer Trends und das systematische Sich-Befassen mit Gestaltungsoptionen ist nicht Gegenstand klassischer Unternehmensberatung. Beratungsunternehmen arbeiten aber mit professioneller Zukunftsforschung zusammen und bauen Leistungen auf deren Befunden auf. Sie sind wichtige Unterstützer, um die Ergebnisse der Zukunftsforschung in die Umsetzung zu bringen. Aber sie sind per se keine Trend- und Zukunftsforscher.

ZUKUNFT DURCH KÜNSTLICHE INTELLIGENZ

▶ Anwendungen der künstlichen Intelligenz sind am Markt der Zukunftsforschung ein neuer »Player« geworden.

Dass die Zukunft nicht in den Sternen, dafür aber in einer generativen KI steht, wird für viele zur Gewissheit.

Außer Frage steht: Mittels KI-Technologie lassen sich Daten in vorher nicht gekanntem Ausmaß analysieren und Muster identifizieren. Auch wenn es noch keine deklarierte »Future AI« gibt, so gibt es doch viele unterschiedliche Ansätze, KI für Zukunftsfragen einzusetzen.

Allein die Tatsache, dass man sich per Knopfdruck einen Businessplan erstellen lässt, setzt Zukunft als Idee voraus. Denn worauf sonst sollte ein Businessplan gebaut sein als eine wesentliche Chance, in der Zukunft ein Return on Investment zu erhalten? Aber auch viele andere unternehmerische Zukunftsfragen lassen sich über KI klären: strategische Abwägungen, Entwicklungen von Roadmaps, Positionierungen in der Kommunikation.

KI ist ein wichtiges Tool zur Untersuchung der Zukunft, aber sicher nicht die ganze Antwort.

KI-Anwendungen werden naturgemäß immer mit Daten aus der Vergangenheit gefüttert. Und es hängt von den KI-Trainingsdaten ab, wie die Ergebnisse aussehen. Einseitigkeiten und Diskriminierungen sind im KI-Kontext ein großes Thema – mit noch vielen offenen Fragen.

Nicht jede KI-Halluzination hat das Zeug zu einer unternehmenspolitischen Vision.

Technologie ist ein wesentlicher Teil der Zukunftsgestaltung geworden – und wird durch die dynamische technologische Entwicklung immer wichtiger. Gleichfalls sollte niemand erwarten, dass KI für Unternehmen per Knopfdruck die bessere Zukunft im Programm hat. In der Mustererkennung kann die KI eine immense Hilfe sein. In der Zukunftserkennung braucht es das Zusammenspiel zwischen Menschen und Maschinen. Die Entwicklung wird zunehmend bessere Ergebnisse produzieren.

WAS ZUKUNFTS-FORSCHUNG BRAUCHT

▶ Die wachsenden Anforderungen von Unternehmen, die Gestaltung und Planung ihrer Zukunft mit belastbaren Leitplanken und Orientierungen rund um große, entscheidende Trends abzusichern, haben uns als Zukunftsinstitut bewogen, unser methodisches Instrumentarium für fundierte Trend- und Zukunftsforschung strategisch weiterzuentwickeln und zu schärfen.

Das Zukunftsinstitut hat sich zum Teil neu erfunden.

Gerade für die Analyse der Megatrends (zur Bedeutung von Megatrends siehe nächstes Kapitel) und ihrer Auswirkungen für Standorte, Branchen und Unternehmen halten wir es für zukunftsentscheidend, vernetzte Grundlagenforschung, systemisches Verständnis und fundierte Bewertung von Handlungsräumen gemeinsam weiterzuentwickeln.

Unser Anspruch ist eine Zukunftsforschung, die neue Qualitäten der Zukunftsentwicklung eröffnet, aber auch konsequent die eigenen Forschungsqualitäten evaluieren und weiterentwickeln will.

Wie wir ein neues Kapitel in der Zukunftsforschung aufschlagen, was das in der Praxis bedeutet und was Unternehmen und Institutionen daraus lernen können, zeigen wir im vorliegenden Buch auf.

ZIEL: SYSTEMISCHES HANDELN

▶ Um die Zukunftschancen für Unternehmen gezielt weiterzuentwickeln, wollen wir ihnen die Instrumente an die Hand geben, die auf Basis von systemischem Denken auch das entscheidende systemische Handeln ermöglichen. Der wesentliche Unterschied: Erst in der systemischen Betrachtung können Vielfalt und Dynamik in Verbindung gebracht werden.

Es ist sicher nicht einfach nachzuvollziehen, aber gegenüber gängigen Trend-Beobachtungsvorgängen stellt der systemische Zugang einen echten Quantensprung dar. Geht es in Unternehmen doch darum, die Grenzen für neue Bedürfnisse und Knappheiten früh- oder zumindest rechtzeitig zu erkennen.

»Wir haben den Bubble-Tea verschlafen«, sagte uns einmal ein verantwortlicher Leiter einer Innovationsabteilung. Nun ist Bubble-Tea zum Glück kein Megatrend. Dennoch zeigt diese simple Idee gut auf, um was es bei den Werkzeugen der Trend- und Zukunftsforschung in der Anwendung geht:

Das Erkennen von (zum Beispiel durch Technik) überschreitbaren Grenzen oder die Identifikation von aufkommenden Knappheiten, Sehnsüchten und Bedürfnissen, um Möglichkeiten für Neues zu kreieren.

Systemisches Handeln meint, dass in Unternehmen Denkweisen, Modelle und Werkzeuge im Einsatz sind, welche helfen, aus eher situativen Beobachtungen verbindende und verbindliche Aussagen zu generieren – worauf Entscheidungen aufgebaut und auch umgesetzt werden können.

Und darüber hinaus müssen die Modelle und Werkzeuge imstande sein, die gemachten Beobachtungen und generierten Erkenntnisse selbst wieder unter Beobachtung zu setzen.

Also ständige Feedbacks zu ermöglichen, die weitere Veränderungen wiederum früh- oder rechtzeitig aufzeigen können.

Um dies als Unternehmen nicht nur ausnahmsweise zu tun – in Workshops, Labors oder Inspirationsveranstaltungen –, gilt es, sich auf diese Form der Beobachtung von Innen und Außen auch im Alltag zu konzentrieren.

Der Megatrend Research ermöglicht die systemische Kartografie der großen Wandlungsphänomene und die Ableitung der individuell notwendigen Veränderungsbewegungen.

Die Beobachtung der Unterscheidung von Innen und Außen führt zu Megatrend-Räumen, also jenen Handlungsbereichen, in denen Unternehmen selbst die Zukunft gestalten können. Dazu später mehr.

Kurzum: Der systemische Zugang macht Entwicklungsdynamiken und Komplexitätsarten nicht nur besser sichtbar und nachvollziehbar, sondern auch besser gestaltbar und umsetzbar.

Unternehmen, welche die Veränderungen im Außen systemisch verstehen, können in der Nutzung dieser Informationen schneller und einzigartiger sein. Dann »folgt« man keinem Trend oder reagiert auf Veränderung, sondern gestaltet aktiv die Zukunft und macht sich zum Teil einer Wandlungsbewegung.

Zukunft wird von einem Möglichkeits- zu einem Handlungsraum.

Genau darauf zielt unsere Zukunftsforschung ab: auf ein erfolgreiches, weil systemisches Handeln von Unternehmen und Institutionen. Das ist in zunehmend komplexeren Zeiten wichtiger denn je.

Gerade jetzt: Megatrends bieten Orientierung

Warum Megatrends in Zeiten von Erschöpfung und Orientierungslosigkeit wichtige Hilfestellungen leisten

Zukunft ist das, was auf uns zukommt. Dieses – eindimensionale, passive – Verständnis von Zukunft ist weit verbreitet. Zukunft kommt aber gar nicht auf uns zu. Von wo sollte sie denn herkommen? Vielmehr wird Zukunft in sozialen Systemen in Gedanken, Worten, Glaubenssätzen, Visionen, Hoffnungen oder auch Ängsten konstruiert.

Zukunft ist ein wesentlicher Teil unserer mentalen Fähigkeit, das Abwesende zu imaginieren.

»Das konnten wir uns nicht vorstellen«, diesen Satz haben wir oft gehört, als Corona in voller Wucht über uns hinweggerollt ist. Mit anderen Worten: Unsere Imagination hat nicht ausgereicht, uns vorzustellen, dass eine Pandemie eine mögliche Zukunft für uns wäre. Dabei gab es die Jahre zuvor genug Warnungen und Hinweise.

Auch die Integration von globalen Pandemien in sogenannte X-Events – große Wildcards mit weltumspannenden Effekten – konnte die sozialen Systeme nicht überzeugen, dass Pandemien am Ende doch real werden können. In der allgemein verbreiteten Vorstellung von Zukunft war kein Platz dafür.

Und dennoch: Als Nachhall der Pandemie beobachtet man ein großes Zukunftsvakuum. Egal, ob CEO oder Praktikant: Wir erleben in allen Bereichen der Gesellschaft eine noch nie da gewesene Orientierungslosigkeit rund um Zukunftsthemen.

Corona hat ein großes Fragezeichen hinterlassen: Wie gehen wir damit um, dass viel mehr passieren kann, als wir uns das als Individuum vorstellen können?

Der scheinbar geradezu überfallartige Start von ChatGPT als globales Phänomen hat die Frage nach den möglichen Zukünften genauso erweitert wie die dramatischen Ereignisse in der Ukraine.

Was sollen, dürfen oder können wir uns vorstellen – und wie?

Verbunden mit der alltäglich gelebten Metapher von der »Zukunft, die auf uns zukommt« ergibt dieses Fragezeichen eine gefährliche Mischung. Unser Denken rund um Zukunft wird zunehmend vernagelt. Und je nach Mentalität des sozialen Systems kommt es zum Innovationsüberschuss: Wir müssen jetzt Zukunft dringend und schnell bauen. Oder eben zum Zukunftseinschluss: Wir tun lieber mal nichts.

Ersteres erleben wir gerade in vielen asiatischen Ländern – letzteres in Europa. Da hört man nicht selten Sätze wie: »Zukunft gibt es nicht mehr. Sie ist bereits im Zentralkomitee Chinas entschieden worden.« Okay, wir verlassen schnell wieder die Schauderecke und widmen uns der Konstruktion von Zukunft und einem dafür geeigneten Instrument: den Megatrends.

LINEARITÄT WAR GESTERN

▶ Die vermeintliche Gewissheit, dass die Zukunft eine lineare Verlängerung der Vergangenheit in die Gegenwart darstellt, ist endgültig Geschichte.

Schocks wie Corona-Pandemie und Ukrainekrieg haben viele verunsichert und verängstigt, genauso wie die Folgen des Klimawandels oder die Entwicklung der künstlichen Intelligenz. Mit dem Auftreten beziehungsweise dem Wahrnehmen aller dieser Effekte hat sich ein gewisser Lähmungszustand breitgemacht.

Da die weltweite Beherrschbarkeit verloren gegangen ist, fokussieren sich viele Lösungen auf Regionalregulierungen.

Anstelle der Nichtlinearität ins Auge zu blicken sowie neue Denkwege und Handlungen zu etablieren, greift der Reflex des Verbots. Die damit einhergehende scheinbare Komplexitätsreduzierung verzögert allerdings jede Zukunftsfähigkeit.

Exemplarisch sei das Bildungssystem genannt. Anstelle es neu aufzusetzen und zu designen, werden weiterhin Rahmenbedingungen und Vorgaben geschaffen, die fern jeglicher Notwendigkeit und künftiger Kompetenzanforderungen sind.

Die Überforderung, das Prinzip der Nichtlinearität anzuerkennen, zieht nicht nur massive psychologische Effekte für das Mindset von Gesellschaften nach sich, sondern hat auch sehr handfeste Konsequenzen für die wirtschaftliche Entwicklung von Organisationen.

Denn für Unternehmen und Organisationen ist Planbarkeit die entscheidende Grundlage für zukunftsgerichtetes Handeln. Ist die Zukunft aber nicht mehr planbar und lauern hinter allen Ecken und Enden unvorhersehbare und vor allem unangenehme Überraschungen, werden Entscheidungen und Investitionen, welche in den nächsten Jahren getroffen werden müssten, zum Vabanquespiel.

Die Folgen dieser Entwicklung sind Mutlosigkeit, Entscheidungsaufschub oder sogar der Verkauf des Unternehmens durch die Eigentümer, die die Anstrengungen nicht mehr auf sich nehmen möchten.

MEGA-TRENDS NEU ›AUFLADEN‹

▶ Was also tun gegen die Orientierungslosigkeit und Erschöpfung, die aus dem Krisenstakkato der vergangenen Jahre resultieren? Wie wird die Zukunft wieder gestaltbar? Auf welche Orientierungen und Leitlinien ist in Zeiten wie diesen noch Verlass? Und wie können wir langfristige und kurzfristige Veränderungen in einer Gesamtstrategie vereinen?

Eine der entscheidenden Antworten auf diese Frage lautet: Megatrends.

Megatrends helfen Unternehmen und Institutionen, Entscheidungen für die nächste Dekade und die nächsten Jahre informierter und fundierter zu treffen. Der Begriff Megatrends ist in den vergangenen Jahren zur Projektionsfläche für unterschiedlichste Ideen und Vorstellungen von Zukunft geworden.

Im Zukunftsinstitut beschäftigen wir uns seit über 25 Jahren mit Megatrends. Wir beobachten und beschreiben sie. Wir identifizieren Veränderungen in den Megatrends und kartografieren diese. Stets mit dem Ziel, dass eine Anwendung in Unternehmen möglich ist.

Und gerade weil wir dies über so einen langen Zeitraum praktizieren, sind wir überzeugt, dass wir den Begriff Megatrends durch fundierte Zukunftsforschung neu aufladen und das Konzept Megatrends dadurch umfassend nutzbar machen müssen.

Im Umfeld hoher Komplexität spielen Megatrends eine wichtige Rolle. Sie können für Stabilität in turbulenten Zeiten sorgen.

Damit Megatrends diese Qualität aufweisen, braucht es belastbare und anwendbare Ergebnisse – auf Basis systemischer Analysen.

WAS MEGA-TRENDS AUSMACHT

▶ Megatrends sind große und zusammenhängende Veränderungsdynamiken. Sie sind ein Modell, um den Wandel der Welt zu verstehen. Sie sind Lawinen in Zeitlupe. Die Zeitlupe ergibt sich aus der langen Beständigkeit der Veränderung.

Aus diesem Grund sind Megatrends die großen, kompakten Cluster von Veränderungen, die sich in den Detailausprägungen verändern, aber nur selten in der inhaltlichen Richtung.

Megatrends wirken langfristig stabil und integrieren die kurzfristigen Veränderungen.

Sie kennen den Spruch? »Wir überschätzen, was kurzfristig, und unterschätzen, was langfristig möglich ist.« Genauso ist es mit den Megatrends und auch in den Megatrends selbst, denn als große Bündel von Veränderungen sind Megatrends wertvolle Navigationshilfen durch den Dschungel gegenwärtiger und künftiger Veränderungen.

Innerhalb der Megatrends herrschen Kräfte, die sich wechselseitig verstärken oder blockieren.

Feedbackschleifen bestimmen die Kraft der Veränderung. Es gibt Zusammenhänge, die sich bedingen, und andere, die gegenläufig scheinen, aber gleichzeitig vorhanden sind. Dies erfordert ein hohes Maß an Paradoxiekompetenz, um scheinbar Widersprüchliches auszuhalten.

Der Megatrend Gesundheit liefert ein gutes Beispiel. Frage: Ist vegan der Trend, oder setzt sich am Ende das regionale Bio-Hühnchen durch? Auch der Megatrend New Work hat es in sich: Da werben ganze Regionen mit der Idee, als ideale Destination für »Workation« zu fungieren. Nur: Workation ist sozialversicherungstechnisch in Europa kaum möglich.

Megatrends sind das, was sich langfristig durchsetzen wird. Der (Trend-) Weg hingegen ist durch Dynamik und eine Vielzahl an Veränderungen bestimmt, die sich sukzessive bestärken oder zumindest bedingen.

Fassen wir kurz zusammen: Megatrends sind sehr große Veränderungstendenzen – regelrechte Bündel des Wandels. Sie sind nicht linear, sondern voller Widersprüche, Antinomien und Paradoxien. Und sie unterliegen der Komplexität unserer Zeit.

Das bedeutet: Weil Megatrends für eine lange Dauer stehen, brodelt es in ihnen. Um die Qualität der Megatrends zu sichern, gibt es klare Kriterien. Damit wollen wir im Zukunftsinstitut vorsorgen, dass nicht jeder simple Trend mit einem »Mega« ausgezeichnet werden kann.

Das »Mega« wird häufig in den Kommunikationsmedien benutzt, um im dichten Wald der Informationen noch gehört zu werden. Viele ausgerufene Megatrends haben allerdings mit dem Konzept der Megatrends nichts zu tun. Es geht darum, Zuschreibungen zu haben, um Megatrends als solche erkennen und in der Folge nutzen zu können.

Schauen wir uns die wichtigsten Kriterien an:

- **Dauer**
  Megatrends haben eine Dauer von mehreren Jahrzehnten.

  Das ist für Unternehmen und Organisationen wichtig, die mittel- bis langfristige Investitionsentscheidungen fällen müssen. Innerhalb der Megatrends herrschen größere Dynamiken. Der Megatrend Research fokussiert genau darauf: das Wechselspiel zwischen langer Entwicklung und aktuell am stärksten erkennbaren Mustern sichtbar zu machen. Diesbezüglich sind Megatrends sehr verlässlich: So hat etwa die Pandemie im Megatrend Gesundheit viel verändert – der Megatrend wurde gestärkt und in seiner Kraft ausgebaut. Die Dauer des Megatrends ist sehr langfristig angelegt, die im Megatrend verknüpften Trends können sehr kurzfristig und veränderlich sein.

  Die Verlässlichkeit in der Dauer verschafft Unternehmen eine Verlässlichkeit in der Zukunftsausrichtung.

Krisen und schockierende Ereignisse erschüttern den Megatrend nicht bis ins Mark – die hohe Vernetzung der Veränderungsphänomene, die einen Megatrend prägen, und die sehr diversen Dynamiken sorgen dafür, dass der Megatrend an und für sich kräftig und stabil zu deuten ist.

- **Ubiquität**
  Megatrends haben in allen Lebensbereichen eine Auswirkung – im sozialen Miteinander, in der Wirtschaft, Konsum, Werten, Medien oder im politischen System.

Anders formuliert: Trendentwicklungen, die nicht über Systemgrenzen hinaus in diversen Systemen zu entdecken sind, gelten nicht als Megatrends. Einen Megatrend »Industrie 4.0« gibt es deshalb nicht. Megatrends lassen sich in tiefer Verbundenheit in der gesamten Gesellschaft erkennen – mehr dazu später.

Megatrends haben keine Branchenmarke, sie sind nicht in einzelnen Bubbles oder Lebensstilgruppen isoliert.

Megatrends haben nicht nur mit unserer Arbeit zu tun – sie durchdringen und begegnen uns in vielen Facetten des Alltags.

Beispiel: Würden wir Entwicklungen rund um die Sicherheit *nur* in einem Bereich – sagen wir der Cybersicherheit – erkennen, wäre das kein Megatrend. Da wir dem Thema Sicherheit aber in einer breiten und sehr diversen Palette des Alltagslebens begegnen, entspricht dies einer Zuschreibung eines Megatrends: von Protektoren jeglicher Art im Sport, der enormen Ausdifferenzierung von Versicherungsangeboten, politischen Versprechen der Sicherheit oder dem wachsenden Bedarf an Lebensmittelsicherheit in der globalen Nahrungskette.

Über Systemgrenzen hinweg erkennen wir Sicherheit als wesentlichen Treiber für den Wandel – als Megatrend.

Um systemübergreifende Beobachtungen zu ermöglichen, setzen wir im Research-Prozess auf die PWLG-Matrix – Politik, Wirtschaft, Legitimation und Gemeinschaft. Diese Subsysteme determinieren das, was wir als Gesellschaft bezeichnen. Wie diese eingesetzt wird, erfahren Sie später.

- **Globalität**

  Megatrends kennen keine Grenzen. Sie manifestieren sich als globale Phänomene, die Kontinente und Kulturen verbinden.

  Ihre Auswirkungen sind weltweit spürbar, auch wenn ihre Intensität und Dynamik je nach Region variieren können. Die Globalität eines Megatrends zeigt sich darin, dass er unabhängig von kulturellen, politischen oder wirtschaftlichen Unterschieden in verschiedenen Teilen der Welt zum Vorschein kommt.

  Dieser globale Charakter verlangt von Unternehmen und Organisationen eine erhöhte Sensibilität und Reaktionsfähigkeit.

  Der Megatrend Neo-Ökologie betrifft beispielsweise Länder sowohl im Norden als auch im Süden, und obwohl die spezifischen Herausforderungen variieren können, bleibt die grundsätzliche Entwicklungstendenz global nachvollziehbar. Die Fähigkeit, die akuten Auswirkungen eines Megatrends in einem globalen Kontext zu erkennen und darauf zu reagieren, ist entscheidend.

Für den Megatrend Research nutzen wir Quellen, Dokumente und Experten auf allen Kontinenten.

Nur durch eine breite Beobachtung lässt sich sicherstellen, dass die Entwicklungen eines Megatrends wirklich global sind. Ansonsten wären die Megatrends nur regionale Verstärkungsblasen der gegenwärtigen Debatte.

- **Komplexität**
  Die Komplexität von Megatrends resultiert aus dem bereits beschriebenen vernetzten und dynamischen Charakter.

  Megatrends sind nicht linear oder eindimensional, sondern gekennzeichnet durch Wechselbeziehungen, die ständig in Bewegung sind.

  Ebenfalls sind die Trends in verschiedenen Subsystemen verortet. Verknüpfungen von Wirtschaft, Technologie, Gesellschaft und Umwelt sind exemplarisch zu nennen.

Beispiel: New Work als Megatrend verändert den Arbeitsmarkt (Wirtschaft), Bildungsmethoden verändern sich (Bildung), neue Technologien wie künstliche Intelligenz kommen zum Einsatz (Technologie), und die Nutzung von Räumen verändert sich (Stadtentwicklung). Die Entwicklungen sind jedoch nicht geradlinig, sondern durch etliche Trends und deren Zusammenspiel geprägt.

Das Zusammenspiel verschiedener Faktoren macht den Megatrend komplex und erfordert ein systemisches Herangehen an seine Analyse und Handhabung. Zumindest wenn man die relevanten Hebel entdecken möchte.

Im Megatrend Research stellen wir durch eine ausführliche Netzwerkanalyse sicher, dass Phänomene nicht isoliert betrachtet werden. Denn gerade die Zusammenhänge führen zu neuen, spannenden, aber vor allem signifikanten Einsichten in die Entwicklungen von Megatrends. Vor allem die Betrachtung der Interaktion verschiedener Subsysteme führt zu spannenden Handlungsoptionen in der Zukunft.

›BLOCKBUSTER‹ DES WANDELS

▶ Megatrends sind die Blockbuster des Wandels: Sie prägen Veränderungen sehr grundlegend und dauerhaft. Ihr Impact ist fortwährend.

Megatrends verändern nicht nur einzelne Segmente oder Bereiche des sozialen Lebens oder der Wirtschaft, sondern formen die ganze Gesellschaft um.

Megatrends »entstehen« weniger, es handelt sich um langfristige Entwicklungen mit großer Relevanz für alle Bereiche von Wirtschaft und Gesellschaft, die sich mit hoher Verlässlichkeit in die Zukunft »verlängern« lassen.

Megatrends werden nicht erfunden oder ausgerufen. Sie sind das konzentrierte Ergebnis der systematischen und systemischen

Beobachtung, Beschreibung und Bewertung der Entwicklungen in der Gesellschaft und deren Subsystemen.

Im Zukunftsinstitut beobachten wir derzeit zwölf Megatrends:

- Gender Shift
- Gesundheit
- Globalisierung
- Individualisierung
- Konnektivität
- Mobilität
- Neo-Ökologie
- New Work
- Sicherheit
- Silver Society
- Urbanisierung
- Wissensgesellschaft

Innerhalb dieser stellen wir fest, welche Dynamiken herrschen und welche Subtrends sich in einem oder mehreren Megatrends durchsetzen. Die im Zukunftsinstitut beobachteten Megatrends zu analysieren bedeutet immer auch, frühzeitig ihre Auswirkungen zu benennen.

LANGFRISTIGE ENTWICKLUNG, SCHNELLE WIRKUNG

▶ Obwohl Megatrends langfristige Entwicklungen darstellen, können ihre Auswirkungen in der vernetzten Welt sehr schnell spürbar werden. Nehmen wir den Megatrend »Neo-Ökologie« als Beispiel.

Während die zunehmende Sorge um unsere Umwelt und das wachsende Bewusstsein für nachhaltige Lebensweisen über Jahrzehnte gewachsen ist, können Veränderungen im Konsumentenverhalten oder der politischen

Richtlinien Unternehmen rasch vor neue Herausforderungen stellen. Ein plötzlicher Anstieg in der Nachfrage nach umweltfreundlichen Produkten oder eine neue Gesetzgebung bezüglich eingeschränktem Flächenverbrauch im Neubau können innerhalb kurzer Zeit den Markt verändern.

Das bedeutet, dass Unternehmen, während sie sich auf langfristige Ziele ausrichten, gleichzeitig flexibel und adaptiv sein müssen, um auf kurzfristige Veränderungen und Möglichkeiten zu reagieren.

Notwendig ist eine Balance zwischen vorausschauender Planung und kurzer Reaktionsfähigkeit. Hinzu kommt die Herausforderung, zwischen echten Megatrend-basierten Chancen und kurzlebigen Hypes zu unterscheiden.

Während der Druck zur Nachhaltigkeit beständig wächst, könnten bestimmte »grüne« Produkte oder Dienstleistungen nur temporäre Trends sein. Daher ist die Kenntnis der Megatrends mit ihren verschiedenen (Sub-)Trends sowie ihre richtige Einordnung und Bewertung für Unternehmen eine unerlässliche Voraussetzung, um den Wandel in der Welt zu erkennen und zu nutzen.

Megatrends sind für Unternehmen überall dort von Bedeutung, wo es um die mittel- und langfristige Ausrichtung geht, etwa um Vision, Strategie oder Corporate Foresight.

Wo – strategisch, operativ oder normativ – langfristig relevante Entscheidungen getroffen werden müssen, liefert die systemische Analyse von Megatrends – und von den Trends innerhalb der Megatrends – wertvolle Grundlagen.

GEFAHREN DER MEGATRENDS

▶ Was ist wichtig und »gefährlich« an Megatrends? Sie entfalten einerseits ihre Dynamik über Jahrzehnte, können aber auch die Grundlage für schnelle Durchbrüche auf den Märkten und für Disruptionen sein. Sie zwingen nicht selten ganze Branchen dazu, ihre Strukturen und Geschäftsmodelle neu auszurichten.

Der tradierte Handel leidet beispielsweise unter den Veränderungen, die durch die Konnektivität erwachsen: von zunehmenden Problemen im Aufbau resilienter Lieferketten über die realdigitale Vermengung von Einkaufsgewohnheiten bis zur zunehmenden Anwendung von künstlicher Intelligenz – viele Händler sind schon mit diesem einen Megatrend – Konnektivität – heftig überfordert.

Doch auch New Work und Neo-Ökologie befeuern den Wandel und führen zur totalen Überforderung. Zumindest für diejenigen, die sich einfache, lineare Blaupausen wünschen.

Erkennt man diese Veränderungen im Unternehmen zu spät, wird man überrascht – oder überrollt.

Das muss aber nicht sein. Der Megatrend Research hilft, die Veränderungen in den Megatrends langfristig zu beobachten. Was innerhalb eines Megatrends in den kommenden Jahren passiert, ist gut zu antizipieren. Nur Beobachten muss man lernen – womit wir wieder bei der Unterscheidung von Außen und Innen landen.

Die Arbeit mit Megatrends ist ein unverzichtbares Instrument für das Management und die Planung von Unternehmen – ob groß oder klein.

Die große Herausforderung für Unternehmen besteht in der kontinuierlichen Beobachtung verschiedener gesellschaftlicher Entwicklungen, in der Analyse von Veränderungsprozessen und in der Erkennung von Mustern. Nur ganz wenige Unternehmen können dies permanent selbst aufrechterhalten.

Die große Fülle an Informationen ist kaum verarbeitbar – weshalb sich oft die einfachen Antworten zur Zukunft als allgemeine Zukunftswahrheit durchsetzen.

So wie der Dreiklang Nachhaltigkeit, Digitalisierung und Generationen. Diese drei Zukunftsbilder werden vor allem mittels des Consulting-Konzepts verbreitet: Für ganz viele Entscheiderinnen und Entscheider sind das *die* drei Prinzipien, mit denen sie die Zukunft planen und ihre Organisationen transformieren.

Dabei ist die hochgradige Verdichtung auf drei Zukunftsbilder sehr gefährlich. Warum?

1. **Gleichmacherei:** Wenn alle Unternehmen in denselben Zukunftsbildern agieren, nivellieren sich die Unterschiede, und es geht nur mehr darum, wer vielleicht etwas schneller oder günstiger ist – Alleinstellungsmerkmale sind so nicht zu erwarten.

2. **Simplifizierung:** Hinter den drei großen Überschriften hat alles Platz, was man sich wünschen und einbilden kann – ob sinnvoll oder nicht. Diese Art der Simplifizierung ist der Freibrief für jegliche Form von

Hidden Agenda und öffnet der Meinung (im Gegensatz zur belastbaren Fundierung) Tor und Tür.

3. **Kurzsichtigkeit:** Durch die Konzentration auf wenige allgemein anerkannte Zukunftsbilder besteht die Gefahr, dass Unternehmen andere relevante Entwicklungen und Trends übersehen – vor allem im globalen Wettbewerb. Diese könnten jedoch langfristig von ebenso großer oder sogar größerer Bedeutung sein. Eine solche eingeschränkte Perspektive kann dazu führen, dass Unternehmen nicht auf unerwartete Veränderungen vorbereitet sind, wichtige Chancen verpassen oder Risiken unterschätzen.

Schluss mit diesen zu plakativen und abgenutzten Zukunftsbildern.

Zukunft ist kein uniformierter Einheitsbrei. Megatrend Research bringt Konturen in die beobachtbaren Zukunftsentwicklungen. Hat man für sich einen Megatrend ergründet und in die eigene »Innenwelt« übersetzt, kann dieses Wissen helfen, Relevantes von Irrelevantem unterscheiden zu können – etwa in der Beobachtung von Avantgarden, Nischenphänomenen oder (scheinbaren) Innovatoren.

ACHTUNG, MODE-TRENDS!

▶ Definition und Verständnis von Megatrends werden relevanter. Im Zeitalter der Orientierungslosigkeit und Erschöpfung wird es zunehmend unsinnig, jedem kurzfristigen Trend und jeder Mode hinterherzulaufen.

Zahllose Hypes haben in den letzten Jahren unzählige Ressourcen in Unternehmen verbrannt. Häufig ohne langfristige Strategie.

Die Erfahrung von Unternehmen zeigt, dass man mit kurzfristigen Zeitgeist- und Modetrends in der langfristigen Ausrichtung von Unternehmen nicht weiterkommt. Das Feuer, das manche Trend-Geister auf Unternehmensveranstaltungen entfachen, brennt zu kurz – und liefert keine andauernde Energie.

Datenbanken voller Trend-Buzz-Wörter helfen maximal in kurzfristig benötigten Ideenworkshops – aber wenig bis gar nicht im Navigieren von sozialen Systemen.

Und wenn wir ehrlich sind: Welche Ergebnisse liefern Ideenworkshops wirklich? Wird Innovation nicht in einen langfristigen und iterativen Prozess integriert, bleiben diese Workshops nur Strohfeuer, die kurz brennen.

Daher identifizieren wir im Megatrend Research die Trends in ihren Zusammenhängen und Signalstärken. Wir unterscheiden starke und schwache Signale sowie die Intensität der Vernetzung von Trends. Je stärker ein Trend über Systemgrenzen hinaus erkennbar und je mehr dieser vernetzt ist, desto stabiler lässt sich dieser Trend als langfristig relevant identifizieren. Dazu mehr im nächsten Kapitel.

Im Gegensatz zu erkannten Moden und inspirierenden Trendbegriffen sind die identifizierten Trends im Megatrend Research belastbar.

Darauf lassen sich Entscheidungen bauen, ein langfristiger Blick in die Zukunft von Unternehmen wird möglich.

Megatrends sind definitiv keine Moden oder Hypes. Deshalb lassen sie sich nicht erfinden oder proklamieren. Man kann sie nur möglichst umfassend und präzise beobachten sowie analysieren – als das, was sie sind: langfristige Entwicklungen mit großer Relevanz für alle Bereiche der Gesellschaft, die sich mit hoher Verlässlichkeit in die Zukunft »verlängern« lassen.

Es geht in der Megatrend-Forschung nicht nur darum, ihre Auswirkungen frühzeitig, sondern auch richtig und fundiert zu benennen.

NEUE MEGATREND-GEOGRAFIE

▶ Hat man in den 1990er-Jahren »Trendforschung« betrieben, ist man mit dem Flugzeug nach New York gereist, hat sich in Shops und Restaurants inspirieren lassen, ein paar Gadgets gekauft und ist wieder nach Hause geflogen. Mit den Artefakten der Zukunft, die »auf uns zukommen werden«. Vorwiegend kamen diese Trend-Artefakte tatsächlich aus den USA. Wie auch die großen Gurus der Trendforschung immer Amerikaner waren oder sich zumindest dort informierten.

Die romantische Idee der Zukunft – das »Finden« der Zukunft – in den USA ist vorüber.

Trends und Megatrends sind keine westlichen Phänomene mehr. Daher wird in der strukturierten und fundierten Auseinandersetzung mit Megatrends immer wichtiger, eine globale Perspektive einnehmen zu können. Vor unseren Augen verändern sich Geopolitik und Innovationsgeografie – und damit auch die Megatrend-Kartografie.

Fortschritt beginnt nicht mehr nur in der westlichen Welt, und ökonomischer Wandel startet nicht mehr nur in den Industrieländern.

Beispiele zeigen etwa: Innovationen zum bargeldlosen Bezahlen per Mobiltelefon sind seit langem in afrikanischen Ländern zum Alltag geworden. Saudi-Arabien versucht den Megatrend Urbanisierung mit all seinen Facetten – von Mobilität bis zu Neo-Ökologie – im gigantischen Projekt NEOM neu zu definieren.
Die Zukunft der Elektromobilität scheint für die nächsten Jahre vor allem aus China zu kommen, was bereits heute zu einer beispiellosen Umkehrung der Lieferketten führt – früher von West nach Ost, in Zukunft von Ost nach West – mit massiven Konsequenzen vor allem für Deutschland und seine Automobilgeschichte.

MEGATRENDS UMFASSEND BEFORSCHEN

▶ Aufgrund der in jeder Hinsicht zukunftsentscheidenden Bedeutung von Megatrends haben wir als Zukunftsinstitut beschlossen, unsere Auseinandersetzung mit Megatrends auf eine neue Ebene zu heben: auf die Ebene der systemischen, belastbaren Megatrend-Forschung, die systemisches Handeln und wirkungsorientierte Anwendbarkeit der Ergebnisse ermöglicht.

Da Megatrends die Grundlage für die Evolution ganzer Wirtschaftsbereiche bilden und vielfach der Ausgangspunkt weitreichender Strategien in Unternehmen und anderen Organisationen sind, ist es in Zeiten der Orientierungslosigkeit und Erschöpfung wichtiger denn je, das Zukunftstool »Megatrends« nachzuschärfen und auf eine neue (Daten-)Basis zu stellen.

Die Nutzung künstlicher Intelligenz eröffnet der Zukunftsforschung bisher ungeahnte Möglichkeiten.

Research-Prozesse, für die man noch vor kurzem etliche Monate gebraucht hat, können auf wenige Wochen verkürzt werden. Damit gelingt es, die Megatrend-Forschung nicht nur mit umfassenderen Daten belastbarer zu machen, sondern durch die kürzeren Durchläufe ist auch die Bestimmung der kurzfristigen Auswirkungen der Megatrends genauer denn je.

SYSTEMISCHES DENKEN UND HANDELN IN DER PRAXIS

▶ Im nächsten Kapitel stellen wir dar, wie der Megatrend Research im Zukunftsinstitut funktioniert – und welche Anforderungen an die Zukunftsforschung gestellt werden müssen.

Doch vorher wollen wir Sie in die wichtigste Basis unserer Forschungsarbeit einführen: in das systemische Denken und Handeln, das Herzstück der Arbeit im Zukunftsinstitut.

Es steht für eine ganzheitliche Betrachtung von Phänomenen und für ein Verständnis, dass alles miteinander verbunden ist. Ein systemischer Ansatz hilft, nicht nur einzelne Trends oder Entwicklungen isoliert zu betrachten und zu benennen, sondern den Zusammenhang und ihre Wechselwirkungen mit anderen Faktoren herzustellen.

Warum ist systemisches Denken so wichtig?

Es reicht nicht aus, nur auf der Oberfläche herumzukratzen. Wenn wir tiefere Erkenntnisse gewinnen und fundierte Prognosen für die Zukunft erstellen möchten, müssen wir verstehen, wie verschiedene Elemente miteinander interagieren und sich gegenseitig beeinflussen.

Ein einfaches Beispiel: Der Trend zur Urbanisierung kann Auswirkungen auf die Mobilität, die Umwelt und sogar soziale Strukturen haben – bis hin zur Bildung. Ohne ein systemisches Verständnis könnten wir die tiefer liegenden Auswirkungen und die damit verbundenen Chancen und Risiken übersehen.

Wir nutzen systemisches Denken als Brille, durch die wir die Welt betrachten.

Bei der Analyse von Megatrends oder anderen Forschungsthemen versuchen wir stets, ein umfassendes Bild zu erhalten. Systemisches Denken und Handeln ist nicht nur ein Werkzeug, sondern wird zur Arbeitsroutine. Es lehrt uns, die Welt in ihrer vollen Komplexität zu sehen, und bereitet uns vor, in dieser Komplexität effektiv zu handeln.

Die folgenden Konzepte sind Ausprägungen systemischen Denkens. Nutzen Sie diese, um aus der Linearitätsfalle herauszukommen.

Dynamic Thinking: Es kommt darauf an, Zukunft in zirkulären Prozessen statt in singulären Ereignissen zu denken. So zu denken sind wir in der Regel nicht gewohnt. Die Tatsache, dass sich zum Beispiel im Bau immer noch Menschen als Pioniere bezeichnen, die Gebäude in ihrem gesamten Lebenszyklus betrachten wollen, spricht Bände. Oder die sogenannte »Kreislaufwirtschaft«: Sie wäre ein wunderbares Beispiel für das dynamische Denken, ist aber noch kaum realisiert.

Wir sind in unserem (Geschäfts-)Alltag ereignisgetrieben: monatliche Abschlüsse, Quartalszahlen, Großevents, Meetingstrukturen, Weeklys, Medienberichte, Naturkatastrophen, Wahlen, politische Inszenierungen … Die Liste der eventartigen Ereignisse, die unsere Aufmerksamkeit beanspruchen, ist unendlich. Dazu kommen in Unternehmen die betriebswirtschaftlichen Notwendigkeiten: Zahlenreihen, Shareholder-Erwartungen, Konkurrenznachahmung.

Wenn das Denken in Dynamiken jeder Leserin und jedem Leser sicher irgendwie »logisch« erscheint: Im Alltag ist es nur gegen den Druck der Ereignisse durchzuführen.

Innerhalb des dynamischen Denkens müssen anstehende Probleme in einen zeitlichen Kontext eingeordnet werden. Wie stark tun wir das im Alltag? Wir wollen Probleme lösen, basta. Selbst die einfache Regel, die sich aus dem Dynamic Thinking ergibt, ist kaum bekannt, nämlich die Einordnung von Problemen in Zeitkategorien:

1. **Chronische Probleme,** die tief im System verankert sind und sich damit über die Zeit zunehmend aufbauen.

2. **Überraschende Probleme,** die auftauchen und viel Energie kosten, um sie zu lösen. Wobei hier die Einschätzung der Zeitperspektive wesentlich ist: Sprechen wir von einem Problem, das durch gewisse Konstellationen einmalig aufpoppt, oder kann es wiederholt vorkommen und somit zu einem chronischen Problem werden?

3. **Alltagsprobleme** sind zeitlich am nächsten und müssen so rasch wie möglich routiniert abgearbeitet werden. Eine so schlichte Einteilung von Problemen in zeitadäquate Betrachtungen kann helfen, ihnen angemessen zu begegnen.

Dynamic Thinking bedeutet, sich ein Bewusstsein für Zeitkategorien und Zyklen zu verschaffen.

Im Megatrend Research setzen wir die Zeitlichkeit als Grundlage von Megatrends: zehn Jahre und mehr, wenn wir an die Dauer von Megatrends denken. Drei bis fünf Jahre, wenn es darum geht, die Subtrends innerhalb der Megatrends einzuordnen und zu verstehen, was der Megatrend als Nächstes bereithält. Zyklen wiederum bedeuten, dass wir in Anschlüssen und Verbindungen denken. Vor allem über eine langfristige Beobachtung von Megatrends werden für Unternehmen Zyklen und Dynamiken deutlich, mit dem Ergebnis, weniger überrascht zu werden und überraschende Moves machen zu können.

Nicht umsonst sind wichtige Innovationsindikatoren wie der Gartner Hype Cycle oder der Kondratieff-Zyklus nur Zyklen und keine linearen Linien.

Closed-loop Thinking: Das Denken in Rückkopplungsschleifen berücksichtigt Wechselwirkungen und ist der Komplexität von Systemen angemessener. In vielen traditionellen Denkansätzen, vor allem in solchen, die auf der klassischen Ursache-Wirkung-Logik basieren, geht man davon aus, dass jedes Problem und jeder Auslöser eine direkte und vorhersehbare Reaktion oder Konsequenz hat – Ursache und Wirkung.

Ein einfaches Beispiel wäre die Annahme: »Wenn ich den Preis für ein Produkt senke, werden die Verkaufszahlen steigen.« Diese Art des Denkens kann zwar in manchen Situationen zutreffen, ignoriert aber die Vielzahl von anderen

Faktoren und Wechselwirkungen, die in komplexen Systemen eine Rolle spielen.

Das Closed-loop Thinking oder das Denken in Rückkopplungsschleifen bietet einen nuancierten Ansatz.

Es berücksichtigt, dass Änderungen in einem Teilbereich des Systems oft Auswirkungen auf andere Bereiche haben können, die wiederum Rückwirkungen auf den ursprünglichen Bereich haben können. Dies führt zu unerwarteten (Kontraintuitivität) oder nicht-linearen Ergebnissen.

In der Beobachtung von Megatrends machen wir genau dies: Wir entdecken Schleifen und Zusammenhänge, die nicht offensichtlich sind. Bereits durch die systemübergreifenden Research-Methoden kommen Zusammenhänge zutage, die wenig mit »Wenn, dann«-Logiken zu tun haben.

Für die Anwender des Megatrend Research sind die produzierten Karten (Maps) mit ihren Versetzungslinien essenziell.

In jedem Geschäftsalltag kann man sich die Frage stellen: Welche Rückkopplungen spielen für meine aktuellen Fragen die größte Rolle? Welche Schleifen sehe ich zum Beispiel gerade nicht?

Diese Fragen helfen, die Linearität unseres Alltagsdenkens zu durchbrechen und hintergründige Entwicklungen früher zu identifizieren und zu verstehen.

Visualisieren hilft: Nehmen Sie ein leeres Blatt Papier, schreiben Sie die wesentlichen Fragen, die Sie gerade beschäftigen, auf und zeichnen Sie dann Linien von und zu den Elementen, die sich gegenseitig beeinflussen oder bedingen.

Das Bild ist eine bereichernde Perspektive auf akute Fragen. Für diejenigen, die tiefer eintauchen wollen, bieten *Closed Loop Diagrams* eine gute Abbildung von Wechselbeziehungen.

Generic Thinking: Probleme und Herausforderungen müssen in komplexe, umfassende Zusammenhänge eingeordnet und generische Strukturen als solche erkannt werden.

Generic Thinking ist eine Methode, um über individuelle, spezifische Szenarien hinauszudenken und sie in einen breiten, allgemeinen Kontext zu setzen.

Dieses Denken ermöglicht es, Muster und Strukturen zu erkennen, die in verschiedenen Situationen oder Branchen gleich oder ähnlich sein können, obwohl sie an der Oberfläche unterschiedlich erscheinen mögen.

Ziel generischen Denkens ist es, die tiefer liegenden Strukturen und Prinzipien zu identifizieren, die eine Vielzahl von spezifischen Problemen oder Herausforderungen beeinflussen. Das steht im klaren Gegensatz zur Symptombekämpfung.

Betrachten wir ein konkretes Beispiel: Ein Unternehmen hat Probleme mit dem Mitarbeiterengagement. Ein generischer Denkansatz würde diese Herausforderung nicht nur als ein isoliertes Problem des Unternehmens betrachten, sondern in den Kontext breiterer Trends und Muster in der Arbeitswelt einordnen.

Vielleicht ist das geringe Engagement das Ergebnis von Strukturen und Praktiken, die in vielen Unternehmen vorhanden sind, wie starre Hierarchien, mangelnde Transparenz oder fehlende Möglichkeiten zur beruflichen Weiterentwicklung.

Durch das Generic Thinking kann das Unternehmen beginnen, nach Lösungen zu suchen, die über traditionelle Mitarbeiterengagement-Programme hinausgehen. Sie könnten beispielsweise nach Unternehmen oder Branchen suchen, die ähnliche Herausforderungen gemeistert haben, und von deren Ansätzen lernen. Und nein: Eine Employer-Branding-Kampagne ist nicht die Lösung.

Für Einzelpersonen und Organisationen kann generisches Denken äußerst wertvoll sein, um festgefahrene Denkmuster zu durchbrechen und innovative Lösungen für wiederkehrende Probleme zu finden.

Es fördert ein tieferes Verständnis, wie Systeme funktionieren und wie man effektiv innerhalb dieser Systeme arbeiten kann. In der Megatrend-Forschung ist dieses Prinzip fest verankert. Schon die Einordnung von Subtrends in

Megatrends erzeugt eine Vogelperspektive, die Entscheiderinnen und Entscheidern helfen kann, Muster in unterschiedlichen Systemen auch auf sich selbst zu übertragen.

Damit ist Generic Thinking die Grundlage des systemischen Handelns. Aber auch die Identifikation von Konzepten aus Codes oder von Trends aus Konzepten, wie wir das später zur Megatrend-Forschung noch erläutern werden, entspricht dieser Idee.

Operational Thinking: Der »Elchtest« für die Anwendbarkeit ist die realitätsnahe und praktische Untersuchung von Problemen und Herausforderungen.

Operational Thinking legt den Fokus darauf, wie Theorien, Ideen oder Pläne in der Alltagsrealität in Organisationen umgesetzt werden können.

Es geht darum, die Lücke zwischen Konzept und praktischer Anwendung zu überbrücken. Anstatt sich nur in einer Welt der Ideen und Theorien aufzuhalten, zielt das Operational Thinking darauf ab, wie diese Ideen in der Praxis funktionieren würden, auf welche Hindernisse sie treffen und wie diese Hindernisse überwunden werden können.

Der Begriff »Elchtest« bezieht sich auf einen realen Fahrzeugtest, bei dem überprüft wird, wie ein Auto auf plötzliche Ausweichmanöver reagiert, wie es beispielsweise notwendig wäre, um einem unerwartet auftauchenden Hindernis wie einem Elch auszuweichen.

Der Test soll nicht nur die theoretische Leistung oder das Design, sondern die tatsächliche Funktion des Autos in realen und oft unvorhersehbaren Situationen messen.

In Bezug auf das operationale Denken wäre der »Elchtest« ein Praxistest für eine Idee oder eine Lösung. Nehmen wir zum Beispiel eine neue Software, die entwickelt wurde, um den Workflow in einem Unternehmen zu verbessern. Anstatt sich nur darauf zu verlassen, dass die Software auf dem Papier gut klingt, würde das Operational Thinking verlangen, dass sie in einer realen Arbeitsumgebung getestet wird.

Wie reagieren die Mitarbeiter auf die Software? Gibt es unvorhergesehene Probleme oder Hindernisse bei ihrer Implementierung? Löst die Software tatsächlich die Probleme, für die sie entwickelt wurde?

Vergessen wir nicht: Die Welt um uns herum verändert sich schnell und kontinuierlich. Das Neue kann nicht auf dem Reißbrett geplant werden, sondern ist eine dauerhaft iterative Aushandlung zwischen dem Innen und dem Außen einer Organisation.

Im Kontext der Megatrend-Forschung gehört dieser Teil vor allem auf die Seite der Anwendung: Entdeckte Trends müssen operational anwendbar sein, um für Organisationen einen nachhaltigen Vorteil zu generieren.

Daher identifizieren wir Megatrend-Räume – also Handlungsoptionen, mittels derer Organisationen die erkannten Trends in ihren strategischen, operativen oder auch normativen Alltag integrieren können. Zukunft ist kein einmaliger Workshop, kein externer Impuls und auch keine theoretische Abhandlung eines Möglichkeitsraums.

Zukunft ist die Aktivierung von Zukunftsentwicklungen im Alltag von Organisationen. Oder verkürzt: Zukunft ist ein Handlungsraum.

Continuum Thinking bezieht sich auf einen fortlaufenden, evolutionären Ansatz des Denkens und Handelns. Anstatt Dinge als statisch oder endgültig zu betrachten, erkennt dieses Prinzip an, dass sich die Welt und ihre Komponenten ständig verändern und weiterentwickeln.

Die Dynamik der Veränderung ist unaufhörlich, und das, was heute als gegeben oder fest angenommen wird, kann morgen bereits überholt sein.

Daher ist es unerlässlich, dass Annahmen und Modelle nicht als endgültig betrachtet werden, sondern dass sie laufend überprüft und angepasst werden, um ihre Relevanz und Wirksamkeit beizubehalten.

Gerade im betriebswirtschaftlichen Rahmen ist dieses Denken nicht verankert. Die Grundannahme der Betriebswirtschaft zielt auf eine unveränderte Welt – ceteris paribus. Weshalb viele Unternehmen gerade aufgrund der dauerhaften Veränderungen ihre Probleme haben.

Ein gutes Beispiel für das Continuum Thinking ist die Entwicklung von Geschäftsstrategien in sich schnell verändernden Branchen. Ein Unternehmen, das sich zu sehr auf eine einzige Technologie oder ein Produkt verlässt und sich nicht vorbereitet, die nächste Innovation zu adaptieren, riskiert, überholt und irrelevant zu werden. Dies wurde zum Beispiel bei der Verschiebung von Magnetbändern zu CDs und später zu Streamingdiensten deutlich. Die Reihe lässt sich beliebig fortschreiben: MP3-Player, Fotografie, Onlinehandel, künstliche Intelligenz etc.

In der Praxis bedeutet Continuum Thinking, dass man immer auf der Hut sein muss und sich vorbereiten sollte, dass die Gegebenheiten sich verändern.

Dies erfordert eine kontinuierliche Beobachtung von Trends – nicht nur einmal. Es bedeutet außerdem, dass man flexibel genug sein muss, um sich an Veränderungen anzupassen und neue Handlungsoptionen zu entwickeln und auszuprobieren.

Für Unternehmen und Einzelpersonen bedeutet Continuum Thinking, sich nicht auf den Lorbeeren auszuruhen und immer bereit zu sein, zu lernen, sich anzupassen und weiterzuentwickeln.

Für den Megatrend Research gilt dies in zweierlei Hinsicht: Wir haben in den letzten Jahren das Research stark weiterentwickelt und die bestehenden Methoden und Vorgänge infrage gestellt, überarbeitet und neu aufgesetzt – und durch Technologie unterstützt. Aber der Megatrend Research bietet auch eine starke Kontinuität.

Seit über zwei Jahrzehnten werden die großen Wandlungsphänomene vom Zukunftsinstitut beobachtet, kartografiert und beschrieben.

So bleibt es eben nicht bei einer Einmal-Trend-Buzzwort-Ebene, sondern man kann sich auf die Megatrends verlassen.

Scientific Thinking: Die Messbarkeit und Nachvollziehbarkeit von Annahmen und Zielen muss gesichert sein. Scientific Thinking oder wissenschaftliches Denken ist ein Ansatz, der von der systematischen, logischen und empirischen Methode der Wissenschaft inspiriert ist.

Es betont die Bedeutung der Überprüfung von Annahmen durch Daten, Experimente und kritische Analysen.

Ein Schlüsselelement des wissenschaftlichen Denkens ist die Messbarkeit – die Fähigkeit, Informationen oder Daten in einer Weise zu sammeln und zu analysieren, die valide und zuverlässig ist. Dies gewährleistet, dass die gezogenen Schlussfolgerungen verlässlich und konsistent sind.

Der dritte Gütebereich der Wissenschaft – die Objektivität – lässt im Kontext des Konstruktivismus Raum für ein ganzes Buch. Belassen wir es bei einem Zitat von Heinz von Foerster:

»Objektivität ist die Illusion, dass Beobachtungen ohne einen Beobachter gemacht werden können.«

Ein weiteres Kernprinzip des wissenschaftlichen Denkens ist die (intersubjektive) Nachvollziehbarkeit. Durch Scientific Thinking werden Entscheidungen auf empirischen Grundlagen und nicht nur auf Basis von Intuition oder Annahmen getroffen.

Es bietet eine strukturierte Methode, um die Realität zu verstehen und fundierte Entscheidungen zu treffen.

In einer komplexen und unsicheren Welt kann ein wissenschaftlicher Ansatz dazu beitragen, Unsicherheiten zu reduzieren und die Wahrscheinlichkeit des Erfolgs zu erhöhen.

Für die neue Megatrend-Forschung ist dies eine Kernanforderung: Ausgerufene Trends werden nicht nur durch schöne Beispiele und zusammengetragene Zahlen bestätigt. Ganz im Sinne: »Traue nie einer Statistik, die du nicht selbst gefälscht hast.« Vielmehr ist jeder Trend in seiner Beobachtung nachvollziehbar und vor allem belastbar.

Nur so können Entscheidungen auf Basis von Trends getroffen und ernsthaft über einen längeren Zeitraum beobachtet werden. Das Gegenteil wäre der Trend, der in seiner Genese aus individuellen Beobachtungen oder gar Behauptungen besteht. Dieser kann inspirative Aussagen erzeugen. Er ist aber brüchig, sobald er überprüft oder belastet wird.

Am besten lässt sich der Anspruch in Gütekriterien manifestieren: Wie kann man den Wert der eigenen Arbeit anhand klarer Kriterien beschreiben?

Wir haben das für den Megatrend Research gemacht und stellen Ihnen unsere Kriterien in Kapitel 3 vor. Für Ihre eigene Arbeit ist es hilfreich, dass Sie sich über Ihre eigenen Kriterien selbst klar werden. Wie können Sie den Anspruch an Messbarkeit und Nachvollziehbarkeit herstellen? Welche Grundannahmen und Modelle liegen Ihrer Arbeit zugrunde?

Formulieren Sie diese, sprechen Sie mit anderen darüber. So können Sie die Qualität, aber auch die Validität Ihrer Arbeit – ob Unternehmensführung, Teamleitung oder Innovationsverantwortung – massiv steigern und Erfolg zuverlässig anstelle von Zufall generieren.

Thinking in Models: Statt einer (spekulativen) Annahme der Wirklichkeit ist Modellbildung der systematische, strukturierte Weg zur Entwicklung von Handlungsoptionen. Das Denken in

Modellen stellt einen Ansatz dar, um komplexe Systeme und ihre Dynamiken zu verstehen und abzubilden.

Modelle sind vereinfachte, abstrahierte Darstellungen der Realität, die ermöglichen, bestimmte Aspekte eines Systems hervorzuheben, während andere vernachlässigt werden.

Dadurch können Modelle dazu beitragen, den Kern einer Fragestellung zu erkennen, Vorhersagen zu treffen und verschiedene Szenarien durchzuspielen.

Ein Modell ist kein exaktes Abbild der Realität (diese existiert nur individuell), sondern ein Werkzeug, um bestimmte Aspekte der »Realität« besser zu verstehen. Modelle sind Landkarten, aber nicht das Gebiet, das man bereist. Modelle können in verschiedenen Formen auftreten, von mathematischen Gleichungen bis hin zu Konzeptdiagrammen oder Simulationen.

Anders ausgedrückt: Der Urlaubsort schien auf der Karte gut gewählt, ob jedoch der Urlaub ein Erfolg wird, hängt von den Gegebenheiten vor Ort ab. Oder: Ein Unternehmen kann ein

Geschäftsmodell entwickeln, um zu verstehen, wie verschiedene Teile des Unternehmens interagieren und wie Werte geschaffen werden. Ein Stadtplaner könnte ein Verkehrsmodell verwenden, um den Fluss von Autos und Fußgängern in einer Stadt zu simulieren und so optimale Standorte für neue Verkehrsinfrastrukturen zu bestimmen. Es bleiben jedoch Modelle, die in der Praxis adaptiert werden müssen.

Ein konkretes Beispiel ist das »Flaschenhals«-Modell in der Produktion.

Stellen Sie sich eine Produktionslinie in einer Fabrik vor, bei der mehrere Maschinen nacheinander arbeiten. Eine Maschine, die langsamer arbeitet als die anderen, kann die gesamte Produktionsrate beeinflussen.

Durch die Modellierung dieses Prozesses kann ein Produktionsleiter schnell den »Flaschenhals« identifizieren und geeignete Maßnahmen ergreifen, um das Problem zu beheben.

Das Denken in Modellen ermöglicht es Einzelpersonen und Organisationen, ihre Überlegungen zu strukturieren, Hypothesen zu formulieren, anschließend zu testen sowie bessere Entscheidungen zu treffen. Es bietet einen klaren Rahmen, um Informationen zu sammeln, Annahmen zu entwickeln, Vorhersagen zu treffen und letztlich fundierte Entscheidungen zu treffen.

Es ist wichtig, zu erkennen, dass kein Modell perfekt ist. Modelle sind nur so gut wie die Annahmen, auf denen sie basieren. Sie müssen regelmäßig überprüft und angepasst werden, um relevant und nützlich zu bleiben.

Auch Megatrends sind ein Modell: Sie erzeugen eine Landkarte der Veränderungen in der Welt, ohne den Anspruch zu haben, alles abzudecken und die eigene Gebietserkundung zu ersetzen. Dennoch helfen die Megatrends, den Wandel zu verstehen, bevor man sich blind in eine vorgekaute Transformation stürzt.

System-as-cause Thinking: Veränderungen werden nicht nur durch externe Ereignisse, sondern auch durch die Systemstruktur beeinflusst.

System-as-cause Thinking oder »Systemstruktur als Ursache«-Denken stellt den Gedanken in den Mittelpunkt, dass nicht nur externe Faktoren ein System beeinflussen, sondern das System selbst maßgeblich an der Entstehung seiner eigenen Zustände und Veränderungen beteiligt ist.

Dieses Denken bricht mit der traditionellen Sichtweise, die dazu neigt, externe Ursachen für Probleme oder Veränderungen verantwortlich zu machen, und rückt die Eigenheiten und Dynamiken des Systems selbst ins Zentrum der Betrachtung. Gerade dann, wenn es um die Zukunft geht. Diese kommt eben nicht »auf uns zu«, und schon gar nicht von außen. Unternehmen erzeugen ihre Zukunft als soziale Systeme selbst, indem sie im Innen eine Zukunft formulieren, die sich auf die Veränderungen – Trends – im Außen bezieht.

Systeme haben selbstverstärkende oder balancierende Schleifen.

Zum Beispiel kann ein Unternehmen, das in gute Mitarbeiter investiert, eine höhere Mitarbeiterzufriedenheit und Produktivität erleben. Diese höhere Zufriedenheit kann dazu führen, dass sich mehr qualifizierte Bewerber für das Unternehmen interessieren, was wiederum die Qualität der Arbeit und die Unternehmenskultur verbessert – eine selbstverstärkende Schleife. Eine im System erzeugte Zukunft. Die Systemstruktur beeinflusst das Verhalten.

Anders ausgedrückt: Selbstverantwortliche und erfolgreiche Mitarbeiter werden in starren Hierarchien keine Exzellenz zeigen können. Aber: Reine Umsetzer sind in flexiblen Settings verloren.

In der Praxis könnte ein Manager in einem Unternehmen, das mit sinkenden Verkaufszahlen konfrontiert ist, versuchen, externe Faktoren wie die Wirtschaft oder Konkurrenten für den Rückgang verantwortlich zu machen (»Der Feind da draußen«).

Während diese Faktoren sicherlich eine Rolle spielen können, fordert das System-as-cause Thinking den Manager heraus, intern nach Gründen zu suchen. Vielleicht hat das Unternehmen im Laufe der Zeit interne Prozesse entwickelt, die Innovationen hemmen, oder es hat eine Unternehmenskultur, die nicht kundenorientiert ist.

Diese Art des Denkens führt uns in die Wahrnehmung des Unternehmens als soziales System. Die Bedingungen für die Zukunft werden innen gemacht.

Für die Megatrend-Forschung ist klar, dass jegliche Forschungsergebnisse nur durch gekonnte und kluge Outputs des Researchs in das Innere von Unternehmen gelangen können. Denn nur dort werden die Megatrends als Entscheidungen, Transformationen oder Ideen zur Handlung – und damit zur Gestaltung von Zukunft.

Eine wesentliche Hilfe ist die Visualisierung. Die Megatrend-Map beispielsweise hat ihren Einzug in tausende Unternehmen und Bildungseinrichtungen gefunden. Als Artefakt erzeugt sie eine Wirkung auf Systeme im Inneren. Die Map schleust Erkenntnisse über Megatrends in das Innere von Systemen, um dort mental verdaut und zum Impuls für Zukunftshandlungen zu werden.

MIT DER MEGA-TREND-MAP KOMPLEXITÄT MEISTERN UND ZUKUNFT GESTALTEN

▶ Fassen wir zusammen: Das Megatrend-Modell des Zukunftsinstituts ist ein Grundpfeiler in der Trend- und Zukunftsforschung. Damit beschreiben und kategorisieren wir komplexe, langfristige Wandlungsprozesse mit enormen Ausmaßen und Auswirkungen. Megatrends wirken nicht eindimensional, sondern vielfältig und dynamisch. Sie entfalten sich über alle gesellschaftlichen und wirtschaftlichen Bereiche.

Megatrends beeinflussen sich gegenseitig und verstärken sich wechselseitig in ihrer Wirkung.

Die Megatrend-Map weist die wichtigsten aktuellen Trend-Phänomene aus, die im Umfeld eines oder mehrerer Megatrends wirken. Damit schafft die Megatrend-Map einen Rahmen, um die vielen gleichzeitigen Abläufe in ihrer Komplexität begreifbar zu machen. Indem sie Vernetzungen, Parallelen und Schnittpunkte aufzeigt, ermöglicht sie ein besseres Verständnis für Einzelphänomene und Zusammenhänge.

Und: Sie nimmt die Angst vor den Lawinen in Zeitlupe. Mit der bewusst gewählten U-Bahn-Karte verfolgen wir eine ganz simple Idee: Wie kann es gelingen, dass Veränderungen nicht sofort mit Abwehr begegnet wird?

Veränderung kann schön sein, wenn man sie richtig nutzt.

Über ein Jahrzehnt arbeiten wir bereits mit der Map. Sie hat viele Fans gefunden. Was wir als Feedback erhalten, macht Freude. In der Essenz jedoch ist die Grundannahme aufgegangen: Die Map nimmt die Hürden und macht Lust darauf, sich in unterschiedlichen Konstellationen über die Zukunft zu unterhalten.

Die Map gewährleistet einen 360-Grad-Blick gegen blinde Flecken, in dem sie Suchfelder für die Beantwortung unterschiedlicher Zukunftsfragen bereitstellt.

Das macht die Megatrend-Map zu einem sowohl niederschwelligen als auch wirkungsvollen Tool für Zukunftsplanung. Mit dem neuen Research-Ansatz wird die Map mit noch mehr Informationen gefüllt: Vom Closed-loop-Thinking bis zum System-as-cause-Thinking, von Continuum Thinking bis zum Operational Thinking.

Doch keine Sorge. Diese Informationen werden nicht an der Oberfläche der Map erscheinen. Sie wird auch in Zukunft ihre schlichte und starke Infografik behalten. Aber im Hintergrund und zur Arbeit mit der Map wird es mehr und mehr Möglichkeiten geben, die über die reine Inspiration hinausgehen.

Die neue Zukunftsforschung macht es möglich.

Megatrend Research: Die neue Dimension der Zukunftsforschung

Erkenntnisse generieren sich aus einem umfassenden Research-Verfahren

Die Ansprüche an die Zukunftsforschung sind gewachsen. Lineare Ableitungen sind selten zutreffend, vielmehr referieren sie auf ein System verschiedener Ursachen, die zu bestimmten Wirkungen führen.

Unsere Denkweise und unser Denkpotenzial sind hierfür nicht ausreichend.

Bedenken wir, dass unsere Evolution nicht die Komplexität, sondern eher das gefährliche Beutetier oder das herannahende Feuer als Phänomene zu bearbeiten versuchte.

Ursache und Wirkung waren aneinandergekoppelt.

Heutzutage reicht die Betrachtung linearer Forschungsergebnisse von dritter Seite nicht mehr aus, um aussagekräftige und anwendbare Ergebnisse für Unternehmen und Organisationen sicherstellen zu können.

Zunehmende Komplexität führt in der Zukunftsforschung dazu, dass neue Mittel und Werkzeuge genutzt werden müssen, um Entwicklungen aufzuzeigen. Insbesondere technologische Möglichkeiten verändern die

Arbeitsweise der Zukunftsforschung: So können heute Auswertungen gemacht und Muster erkannt werden, die in früheren Jahren nicht möglich waren.

Zukunftsforschung verändert sich rasant.

Wir sind überzeugt: Eigenständige Forschung mit einem bereichsspezifischen Forschungsdesign wird zum »Goldstandard« belastbarer Zukunftsforschung. Eine Forschung, die systemisches Handeln erst möglich macht. Dies gilt insbesondere für die Auseinandersetzung mit Megatrends, die der steigenden Komplexität gerecht werden müssen.

Künstliche Intelligenz eröffnet der Zukunftsforschung neue Möglichkeiten – insbesondere in der Mustererkennung.

Die Nutzung neuer Technologien ist wichtiger denn je, um von einem systemischen Verständnis von Zusammenhängen zu systemischem Handeln zu kommen. Zukunft ist keine lineare Fahrbahn, sondern wird aus dem Erkennen von Hebeln in Netzwerkstrukturen gestaltet.

NEUES KAPITEL DER ZUKUNFTSFORSCHUNG

▶ Vor diesem Hintergrund haben wir im Zukunftsinstitut ein neues Kapitel im Bereich Megatrend Research eröffnet. Wir werden nachfolgend die Module des Forschungsdesigns Research im Bereich des Megatrends »Globalisierung« beschreiben. Wie alle anderen Megatrends steht die Globalisierung unter permanenter Beobachtung des Zukunftsinstituts.

Der Megatrend »Globalisierung« zeigt aktuell große Veränderungsdynamiken, die sich letztlich – so abstrakt diese Veränderungen auch klingen mögen – sehr praktisch auf den Wirtschaftsalltag von Unternehmen in Europa auswirken.

Wenn sich beispielsweise neue »Blockbuster Alliances« formieren – wie etwa die Erweiterung der BRICS-Staaten –, hat dies mittelfristige Auswirkungen auf Europas Wirtschaft. Wenn sich global der Trend zu »Central Bank Digital Currency« (CBDC) – also digitales Zentralbankgeld – durchsetzt, wird bei allem politischen Bargeldprotektionismus auch der Euro in Richtung »digital« marschieren.

Große Themen, massive Auswirkungen. Für die Wirtschaft, aber auch für unser tägliches Leben.

Wir führen Sie über den Megatrend »Globalisierung« nun in unseren Research-Prozess ein und geben Ihnen praktische Hinweise, wie Sie in Ihrer Arbeit die jeweiligen Modelle oder Herangehensweisen anwenden können. Da ist viel dabei, was Sie für unterschiedliche

Anlässe aufgreifen und für sich adaptieren können.

Für uns ist der Megatrend Research ein sehr verdichtetes Vorgehen, mit dem wir als Zukunftsinstitut in der Lage sind, alle Megatrends kontinuierlich zu untersuchen und unter Beobachtung zu halten.

Mit dem klaren Ziel der Identifikation der zentralen Trends und Handlungsräume innerhalb der Megatrends.

Damit Sie in Ihrer Organisation schnell Anschluss an die Welt des fortgesetzten Wandels finden können.

AUS DEM RESEARCH ENTSTEHT EINE HAND-LUNGSWELT

▶ Der Megatrend Research führt in die Welt der Wandlungsphänomene, die wir in unterschiedlichen Medien zugänglich machen: ob in Publikationen, Dokumentationen, Veranstaltungen, digitalen Studios oder eben in der Map.

So bildet sich die »Megatrend World« – ein multidimensionaler Erfahrungsraum für Megatrends.

Und weil jede Welt eine Basis braucht, tauchen wir gemeinsam in den Megatrend Research ein und entdecken schrittweise die Forschungs- und Entdeckungsverfahren, die zu signifikanten Aussagen über die Megatrends führen.

MEGATREND RESEARCH IM ÜBERBLICK

DATEN, MATRIX UND EXPERTEN – AUF DEM WEG ZUR MEGATREND-ERKENNTNIS

Um Erkenntnisse zu generieren und den klassisch individuellen Erklärungsversuchen über die Welt und die Zukunft entgegenzuwirken, benötigt jedes Forschungsdesign zwei Elemente:

1. Eine Idee, welche Daten gesammelt werden sollen (Sampling);
2. eine Logik, wie Erkenntnisse generiert werden sollen (Auswertung).

Um die Megatrends zu erforschen, muss der Beobachtungsraum weit offen sein. Weshalb wir auch von »wide data« sprechen, wenn wir loslegen und eine der großen Veränderungsbewegungen untersuchen. Alles startet mit den richtigen Daten.

PWLG-ANALYSE

Mithilfe einer eigens für den Megatrend Research entwickelten PWLG-Datenmatrix klassifizieren wir die richtige Datenerhebung in drei Dimensionen. Die Ebenen basieren zum einen auf dem ubiquitären Gedanken der Megatrends (Subsysteme der Gesellschaft), zum anderen auf unterschiedlichen Quellen der Datenerhebung (Medientypen). Überdies wird in der dritten Ebene der Globalität (kontinentale Strömungen) eruiert. Die Unterteilung erfolgt in Quellen aus Afrika, Asien, Australien, Europa, Nordamerika und Südamerika.

Aufbauend auf der Erhebung der Dokumente erfolgt die Netzwerkanalyse zur Identifikation der wichtigsten Megatrend-Räume für Organisationen (Handlungsfelder).

Megatrend-Räume ermöglichen es, langfristige Strömungen der Megatrends zu erkennen.

Sie bilden die Richtung ab, ohne im Detail die aktuellen Trendbewegungen zu verorten. Das heißt, Megatrend-Räume wirken über eine Dekade stabil, die kurzfristigen Trends hingegen ändern sich innerhalb der Megatrend-Räume.

Die Identifikation der Megatrend-Räume ergibt sich durch Netzwerkanalyse. Hierbei werden die verschiedenen Subsysteme der Gesellschaft untersucht und die wichtigsten Zukunftsbewegungen abgeleitet. Dieser Schritt ist sehr aufwendig und wird mittels KI-gestützter Analyse-Tools vollzogen.

Nicht nur die Datenmenge (Anzahl an Elementen), sondern auch die Dynamik in den Beziehungen der unterschiedlichen Themen führt bei einer rein menschlich durchgeführten Analyse häufig zu falschen Schwerpunktsetzungen.

Als Ergebnis lassen sich die wesentlichen Handlungsfelder identifizieren, die in den Daten zum Megatrend stecken.

SYSTEMISCHES CODING

Da Megatrend-Räume eher langfristige Handlungsfelder für organisationales Handeln sind, müssen darin liegende aktuelle Trends erst einmal identifiziert werden.

Trends sind zu beobachtende gesättigte Entwicklungstendenzen mit einer Wirkzeit von circa drei Jahren.

Um diese Trends zu erkennen, werden zunächst Expertinnen und Experten identifiziert. Dazu gibt es klare Anforderungsprofile. Die Auswahl ist anspruchsvoll. Aus den Interviews werden Transkripte erstellt, welche im nächsten Schritt ausgewertet werden. Hierbei ist das systemische Kodieren der entscheidende Schritt, um verdichtete Trends zu identifizieren.

Das systemische Coding dient als Grundlage, um Codes in Trendkonzepte zu überführen.

Diese Trendkonzepte dienen als Grundlage bei der Benennung der Trends. In der Folge verdichten sich einzelne Elemente zu gesättigten Bündeln an Veränderungsbewegungen. Diese Tiefe in den Eigenschaften und Dimensionen ermöglicht es, verlässliche Ableitungen über zukünftige Schwerpunktsetzungen zu treffen.

NARRATION UND RADARE

Als Output des systemischen Codings ermöglicht ein ganzheitliches Trend-Radar die visuelle Darstellung von zusammenhängenden Veränderungsbewegungen. Innerhalb dieses Radars lassen sich auf verschiedenen Achsen die Intensität und das Akute zu Handlungen für Organisationen bestimmen.

Grundlegend für die Erstellung eines Radars ist die Nähe der Trendkonzepte zueinander.

Je enger inhaltliche Phänomene verbunden sind, desto stärker ist die Veränderungsbewegung. Nun gilt es, die unterschiedlichen Trendkonzepte narrativ miteinander zu verbinden, um eine zusammengehörige Entwicklungstendenz festzustellen.

Dieser narrative Schritt führt zur Festlegung der Trends. Der Akt dieser Trend-Benennung ist ein letzter kritischer Moment, denn die Verdichtung auf ein oder wenige Begriffe führt zum Trendbegriff. Dieser Schritt wird intersubjektiv nachvollziehbar im Team vollzogen.

Ziel ist es, einen Begriff zu benennen, der so präzise wie möglich sagt, um was es bei der zu beobachtenden Veränderungstendenz wirklich geht.

Der letzte Schritt ist die mediale Verarbeitung der im Megatrend Research entwickelten Erkenntnisse. Dabei gibt es unterschiedliche

»Deep Dives«, wie etwa die Recherche oder die Entwicklung von Texten. Aber auch die Recherche von Datastorys mittels quantitativer Analysen oder die Verarbeitung zu Infografiken kann Teil der Output-Generierung sein.

Handlungsleitend ist stets die Fragestellung der Nutzer. Trend-Radare können nur im jeweiligen Kontext zielführend sein – der Anwendungsbereich muss klar bestimmt werden.

Der Output kann vielfältig sein: Der Megatrend Research liefert Erkenntnisse, und die Anwendung dieses Researchs hat ein breites Spektrum.

Im Folgenden gehen wir in die Tiefe und zeigen die Hintergründe der einzelnen Phasen des Megatrend Research. Und wir starten ganz vorne.

DIE SUBSYSTEME DER GESELLSCHAFT: PWLG ALS ANALYTISCHES RAHMENWERK NUTZEN

▶ Die Megatrend-Forschung zeichnet sich durch zwei elementare Grundlagen aus: Zum einen untersucht sie die Komplexität, zum anderen muss sie in allen Bereichen der Gesellschaft gültig sein.

Mit der Entwicklung des PWLG-Analyserasters bietet sich die Möglichkeit, die Trends auf viel tiefgreifendere Art zu identifizieren als jemals zuvor.

Während klassische Ansätze (wie PESTEL) keinerlei Vernetzung oder komplexe Zusammenhänge integrieren, sondern lediglich unterschiedliche Silos betrachten, greift das PWLG-Analyseraster auf alle gesellschaftlichen Subsysteme zurück: Politik, Wirtschaft, Legitimation und Gemeinschaft.

In genau diesen vier Subsystemen werden Veränderungsbewegungen sichtbar. Hier manifestiert sich der Wandel, und es können Trends abgeleitet werden. Die vier Subsysteme sind:

- **Politik:** Legislative, Exekutive, Judikative, Bürokratie;
- **Wirtschaft:** Produktion, Dienstleistung, Technologie, Information, Finanzen;
- **Legitimation:** Wissenschaft, Religion, Grundrechte, Grundannahmen;
- **Gemeinschaft:** Kunst, Bildung, Öffentlichkeit, NGOs.

Die Politik ist als Subsystem der Gesellschaft verantwortlich, die Rahmenbedingungen für die Gesellschaft festzulegen und umzusetzen.

Die politische Struktur ist meist in drei Hauptzweige unterteilt: Legislative (gesetzgebende Gewalt), Exekutive (ausführende Gewalt) und Judikative (rechtsprechende Gewalt). Sie dienen dazu, die Macht zu verteilen und eine Checks-and-Balances-Struktur aufzubauen, die sicherstellt, dass keine Einzelperson oder Gruppe zu viel Macht erlangt.

Die Bürokratie ist das Verwaltungssystem, das die Politik umsetzt und unterstützt. Politische Entscheidungen haben weitreichende Auswirkungen auf alle anderen Subsysteme. Beispielsweise kann die Politik durch Gesetzgebung die wirtschaftlichen Rahmenbedingungen beeinflussen oder durch Bildungspolitik den Zugang zur Bildung regeln.

Wirtschaft ist das Subsystem, das die Produktion und die Verteilung von Ressourcen organisiert.

Dazu gehören verschiedene Sektoren wie die Produktion von Gütern, Dienstleistungen, Technologien, Informationen und Finanzen. In einer modernen Gesellschaft ist Wirtschaft stark vernetzt und von anderen Subsystemen wie der Politik abhängig. Politische Entscheidungen können die Wirtschaft stark beeinflussen, sei es durch Steuern, Zölle oder Subventionen.

Zudem ist die Wirtschaft ein wichtiger Faktor für die Legitimation eines politischen Systems. Ein wirtschaftlich erfolgreiches System erhält oft mehr Zustimmung von den Bürgern. Technologien und Informationen fließen wiederum in Gemeinschaft und Bildung ein und können als Motor für den sozialen Wandel dienen.

Legitimation ist das Subsystem, das die Grundlagen und Annahmen einer Gesellschaft festlegt und unterstützt.

Dazu gehören die Wissenschaften, die für die rationale und empirische Überprüfung von Ideen und Theorien stehen, sowie die Religion, die oft die moralischen und spirituellen Grundlagen einer Gesellschaft festlegt. Grundrechte wie Meinungsfreiheit, Gleichheit vor dem Gesetz usw. sind weitere Elemente dieses Subsystems und oft in der Verfassung oder ähnlichen grundlegenden Gesetzen festgelegt.

Grundannahmen über die Gesellschaft und ihre Mitglieder sind tief verwurzelt und beeinflussen, wie Politik und Wirtschaft funktionieren. Diese Legitimationsmechanismen sind eng mit der Gemeinschaft verbunden und beeinflussen deren Werte und Normen.

Gemeinschaft ist das Subsystem, das die kulturellen und sozialen Aspekte einer Gesellschaft beinhaltet.

Kunst und Kultur dienen als Spiegel der Gesellschaft und können sowohl reflektierend als auch kritisch sein. Bildung ist sowohl ein Mittel zur Weitergabe von Wissen und Fähigkeiten als auch zur Formung von Bürgern und deren Weltanschauungen. Öffentlichkeit und NGOs (Nichtregierungsorganisationen) sind weitere wichtige Akteure der Gemeinschaft. Sie dienen als Kontrollinstanz für die Politik und bieten ein Forum für Diskussion und sozialen Wandel. Gemeinschaftliche Normen und Werte fließen in die Politik ein und beeinflussen, welche Art von Legitimation als akzeptabel angesehen wird.

Die Verbindungen zwischen diesen vier Subsystemen sind vielschichtig und wechselseitig.

Politische Entscheidungen beeinflussen die Wirtschaft und umgekehrt. Wirtschaftlicher Erfolg oder Misserfolg können die Legitimität der

Politik beeinflussen. Wissenschaft und Bildung, Teile der Legitimation und der Gemeinschaft beeinflussen sowohl Politik als auch Wirtschaft durch Forschung und Innovation. Religion und Grundrechte formen die moralische und rechtliche Basis für politische und wirtschaftliche Entscheidungen. NGOs und die Öffentlichkeit, Teile der Gemeinschaft, können als Korrektiv für die anderen Systeme wirken.

In diesem Sinne kann keine dieser Säulen isoliert betrachtet werden; sie interagieren ständig und formen die Struktur und Dynamik der gesamten Gesellschaft.

Insbesondere die Verbundenheit zwischen den Systemen ermöglicht es, Veränderungsbewegungen nicht losgelöst zu betrachten. Die Aufteilung ist als eine Art Landkarte des Gesamtsystems »Gesellschaft« zu verstehen. Sie macht die Subsysteme deutlich und zeigt klar auf, in welche Richtung ihre Gesellschaft sich entwickelt.

Übertragen formuliert: Nur weil die künstliche Intelligenz unglaubliche technologische Sprünge macht, kann sie in ihrem Umfeld noch keine (zu große) Relevanz haben.

Die Bestimmung von Subsystemen enthält eine ausreichend klare Distinktion zwischen relevanten Systemen der Gesellschaft. Gleichermaßen ist diese Vierteilung operativ nachvollziehbar und sofort anwendbar (Beispiel folgt), sodass eine qualitative Arbeit im Research nachhaltig sichergestellt werden kann.

Mit anderen Worten: Die vier Subsysteme sind nicht zu kompliziert, um täglich damit zu arbeiten.

Sehr schnell erkennt man den praktischen Mehrwert der Einteilung. Üblicherweise sind wir als Individuen verstärkt mit der Information aus einem der Systeme konfrontiert – das klassische Blasenproblem unserer Zeit. Nur wenigen gelingt ein permanenter Systemsprung.

Die Vierteilung erzwingt einen guten Überblick.

Selbst als Researcher ist man gezwungen, die Scheuklappen der eigenen Weltblasen zu öffnen und weit links und rechts oder über und unter seiner eigenen Wahrnehmung zu suchen.

Im **politischen Bereich** spielt KI eine Rolle in der Gesetzgebung und Regulierung. Politische Entscheider müssen Rahmenbedingungen schaffen, die einerseits Forschung und Entwicklung fördern, andererseits ethische und sicherheitsrelevante Aspekte berücksichtigen. Die Politik muss entscheiden, inwieweit KI in der öffentlichen Verwaltung, in der nationalen Sicherheit und im Justizwesen eingesetzt werden kann. Fragen des Datenschutzes, der Überwachung und der Autonomie von KI-Systemen sind politisch hochbrisant.

Die **Wirtschaft** profitiert enorm von den Möglichkeiten, welche die KI bietet. Von der Automatisierung der Produktion bis hin zu intelligenten Analysesystemen im Finanzsektor werden durch KI neue Geschäftsmodelle und Effizienzsteigerungen ermöglicht. Dabei müssen Unternehmen jedoch mit den politischen Rahmenbedingungen zurechtkommen, die teilweise ihre Geschäftstätigkeit einschränken können, etwa durch Regulierungen im Bereich des Datenschutzes.

Die **Legitimation** von KI ist ein komplexes Feld, das sowohl wissenschaftliche, ethische als auch rechtliche Fragen umfasst. Während die Wissenschaft die technologischen

Grundlagen und Möglichkeiten erforscht, ist es Aufgabe von Ethik und Recht, die Grenzen der Anwendung zu definieren. Grundrechte wie Privatsphäre und Diskriminierungsfreiheit müssen gegen die Vorteile abgewogen werden, die KI bieten kann. Hier spielen auch Grundannahmen über den Wert des Menschen und seine Stellung gegenüber Maschinen eine Rolle.

In der **Gemeinschaft** werden die konkreten Auswirkungen von KI am deutlichsten spürbar. Bildungseinrichtungen müssen reagieren und Bildungspläne anpassen. KI wirkt sich ebenfalls auf Medien und die öffentliche Meinung aus, indem sie etwa Algorithmen zur Nachrichtenauswahl steuert. NGOs und andere zivilgesellschaftliche Organisationen sind oft diejenigen, die ethische und soziale Fragen aufwerfen und zur Diskussion stellen. Selbst in der Kunst wird generative KI zu einem Wandel führen – vom Bild bis zum Schauspiel.

Die Verzahnung dieser vier Subsysteme im Kontext der künstlichen Intelligenz zeigt, wie komplex und vielschichtig die Herausforderungen in diesem Bereich sind.

Nur durch ein abgestimmtes Zusammenspiel aller Subsysteme kann eine nachhaltige und verantwortungsvolle Entwicklung und Implementierung von KI erreicht werden.

Im Detail erkennen wir: Im **Zusammenspiel von Politik und Wirtschaft** wird deutlich, dass politische Regulierungen von KI weitreichende wirtschaftliche Konsequenzen haben können. Beispielsweise könnten Lockerungen von Datenschutzbestimmungen Unternehmen zwar Vorteile bringen, jedoch auch Fragen der Legitimation aufwerfen.

Dies führt uns zur **Beziehung zwischen Politik und Legitimation**. Die Gesetze zur Regulierung der KI müssen sich an gesellschaftlich akzeptierten Grundrechten und ethischen Normen orientieren. Andernfalls könnten Verstöße gegen diese Normen die Legitimität des politischen Systems insgesamt infrage stellen.

Die **Politik interagiert auch direkt mit der Gemeinschaft**. Entscheidungen über den Einsatz von KI in öffentlichen Diensten oder im Bildungssystem haben unmittelbare Auswirkungen auf die Bürgerinnen und Bürger. Hier stellt sich nicht nur die Frage der Effizienz, sondern auch der gesellschaftlichen Akzeptanz und der ethischen Vertretbarkeit solcher Maßnahmen.

Auf der anderen Seite müssen sich Unternehmen, die KI-Technologien einsetzen, an ethische und rechtliche Standards halten, um ihre Legitimität zu wahren. Das **Zusammenspiel von Wirtschaft und Legitimation** ist besonders heikel, da hier kommerzielle Interessen mit ethischen und rechtlichen Fragen kollidieren können.

Die **Verbindung zwischen Wirtschaft und Gemeinschaft** ist ebenfalls unübersehbar. Wirtschaftliche Entscheidungen, die durch den Einsatz von KI getroffen werden, haben direkte soziale Auswirkungen. Dies kann von der Schaffung neuer Arbeitsplätze in Hochtechnologiebranchen bis hin zum Verlust von Arbeitsplätzen durch Automatisierung reichen. Diese Auswirkungen werden von der Gemeinschaft direkt gespürt und beeinflussen die öffentliche Meinung über KI.

Schließlich spielt die **Legitimation eine entscheidende Rolle für die Gemeinschaft**. Die gesellschaftliche Akzeptanz von KI ist stark abhängig von der erfolgreichen Vermittlung ihrer Legitimität. In diesem Prozess kommt

Bildungseinrichtungen, Medien und NGOs eine entscheidende Rolle zu. Sie tragen zur Bildung einer öffentlichen Meinung bei und setzen sich mit den ethischen und sozialen Fragestellungen auseinander, die der Einsatz von KI mit sich bringt.

Insgesamt zeigt sich, dass eine nachhaltige und verantwortungsvolle Entwicklung sowie die Implementierung von KI nur durch ein abgestimmtes Zusammenspiel aller dieser Subsysteme erreicht werden können.

Stellen Sie sich das im eigenen Alltag vor: Sie suchen nach Informationen zu einem bestimmten Thema. Der erste Schritt auf der Suche nach Informationen orientiert sich immer an den eigenen Suchgewohnheiten. Wenigen gelingt es, weitere Runden zu drehen. Warum auch? Man hat Antworten gefunden.

Denken wir noch einmal an die PESTEL-Logik: Hier werden politische (political), ökonomische (economic), sozio-kulturelle (social), technologische (technological), ökologische (ecological) und rechtliche (legal) Entwicklungen betrachtet.

Beim Thema KI würden wir wahrscheinlich eine klare Zuordnung zur Technologie treffen. Jedoch ist die Betrachtung von Ökologie oder Technologie nicht Teil eines sozialen Systems, sondern vielmehr in das technische und biologische System einzuordnen. Hier besteht ein Systembruch, welcher es uns schwierig macht, die Auswirkungen ganzheitlich zu erkennen.

Die PWLG-Analyseraster verbinden alle relevanten Subsysteme der Gesellschaft. Durch die Differenzierung finden wir wirksame Hebel, um Trends wie KI oder Nachhaltigkeit zu etablieren.

Wenn Sie also Ihre Daten mittels des PWLG-Analyserasters reflektieren, werden Sie schnell feststellen: Betreffen diese Daten wirklich mehrere Subsysteme der Gesellschaft, oder fokussiere ich mich zu sehr auf nur ein Subsystem – beispielsweise die Wirtschaft?

Kurzum: Um ein holistisches und systemisches Bild einer Fragestellung zu entwickeln, hilft die Differenzierung in vier Systeme der Gesellschaft.

SAMPLING MIT DER PWLG-DATENMATRIX

▶ Nachdem wir in die systemische Grundlogik der Megatrend-Forschung eingetaucht sind, wollen wir deren Anwendung beleuchten. Um die Datenerhebung zu beschreiben, müssen wir zwei weitere Ebenen einführen. Neben der gesellschaftlichen Ebene der Subsysteme betrachten wir die Medientypen sowie die kontinentalen Strömungen.

Folglich hat die PWLG-Datenmatrix drei Dimensionen. Wir beginnen jede Untersuchung mit dem Füllen unserer PWLG-Datenmatrix. Sie besteht aus:

- den vier Subsystemen der Gesellschaft: Politik, Wirtschaft, Legitimation und Gemeinschaft;
- den vier Medientypen: Empirie, Positionierung, Anwendung und Reichweite;
- den sechs kontinentalen Strömungen: Afrika, Asien, Australien, Europa, Nordamerika und Südamerika.

ZUKUNFT EMERGIERT AUS DEN VIER SUB-SYSTEMEN DER GESELLSCHAFT

▶ Die erste Dimension der PWLG-Datenmatrix bezieht sich auf die bereits vorgestellte Logik der Subsysteme einer Gesellschaft. Das Zusammenspiel aus den vier Subsystemen führt auf den Pfad in Richtung Zukunft: Politik, Wirtschaft, Legitimation und Gemeinschaft (PWLG). Die Beobachtung von unterschiedlichen Subsystemen der Gesellschaft erlaubt uns, dem Anspruch der Ubiquität gerecht zu werden.

Megatrends sind keine branchenspezifischen Phänomene, sondern durchdringen alle Teile unseres Lebens.

Durch die systemübergreifende Beobachtung von Veränderungstendenzen – oder einfach Trends – ergeben sich erste Hinweise auf die zeitlichen Wirkungsaspekte der Megatrends (Dauer). Denn: Was in sehr diversen Systemen gleichermaßen beobachtet werden kann, hat eine tiefere Verwurzelung in der gesamten Gesellschaft und somit in unserer Lebenswelt und ist nicht schnell revidierbar.

Ein Beispiel ist der Fokus auf künstliche Intelligenz: Egal ob in wissenschaftlichen Debatten oder beim morgendlichen Tratsch zur Arbeit: KI spielt in allen Systemen eine große Rolle.

Es ist für den Research von Megatrends essenziell, jene Trendentwicklungen zu identifizieren, die über die Grenzen einzelner Systeme hinausgehen.

Umgekehrt wird sichergestellt, dass Megatrends in allen Alltagssituationen spürbar sein können. Die Berücksichtigung gesellschaftlicher Subsysteme ist für Entscheiderinnen und Entscheider deshalb so relevant, weil unser Zugang sicherstellt, dass Entwicklungen nicht bloß sektoral und parallel, sondern in ihrem systemischen Zusammenwirken beobachtet werden können.

Anders ausgedrückt: Wir können Hypes von wirklichen Veränderungen unterscheiden.

MEDIEN MACHEN DEN UNTERSCHIED

▶ Die zweite Dimension der Datenauswahl umfasst vier Medientypen, in welchen die Daten gesucht und sortiert werden. Warum Medientypen? In jedem Subsystem der Gesellschaft gibt es unterschiedliche Quellen für Informationen. So wird Politik in den Tagesmedien täglich diskutiert. Andererseits finden sich valide Informationen oft eher in wissenschaftlichen Publikationen. Ebenso gibt es Informationen über die Wirtschaft in öffentlichen Medien, aber eben auch in Thinktanks oder Netzwerken.

Wir unterscheiden demnach in der medialen Typisierung der Daten vier Bereiche:

1. **Empirie und Theorie:** Wissenschaftliche Journale und Forschungsinstitute;
2. **Positionierung:** Thinktanks und Netzwerke;
3. **Anwendung:** Beratungen und Fachmedien;
4. **Reichweite:** Tagesmedien und weitere Journalismusformate.

Die Unterscheidung der Quellen führt dazu, dass wir keiner Verzerrung von Meinungen aus einem Medienfeld unterliegen. Auf Basis der Medientypen erhöhen wir zudem die Erkenntnistiefe.

Wie die Unterscheidung von Politik, Wirtschaft, Legitimation und Gemeinschaft (PWLG) sichert die Unterscheidung in Medientypen die ausreichende Diversität der Quellen und Daten (Triangulation).

Die empirischen Quellen garantieren eine vertiefte Auseinandersetzung mit einer forschungsleitenden Fragestellung. Beiträge aus wissenschaftlichen Journalen oder Berichte aus wissenschaftlichen Instituten liefern ausreichende Einblicke in Forschungsarbeiten. Die inhaltliche Positionierungsarbeit, die in Thinktanks und Netzwerken betrieben wird, zeigt auf, welche Themen im Kontext eines Megatrends besonders gepusht werden.

Noch pragmatischer wird es durch die Beobachtung von Anwendungen, wie etwa in den Studien von Beratungsunternehmen oder Beiträgen in spezifischen Fachmedien. Daraus wird ersichtlich, worauf der Fokus in der praktischen Arbeit entlang eines Megatrends liegt.

Zu guter Letzt geht es noch um die Reichweite, repräsentiert durch die Tagesmedien (on- wie offline) sowie durch freien, von Medienhäusern unabhängigen Journalismus.

Subsumierend halten verschiedene Perspektiven Einzug in die breite Debatte innerhalb der Megatrendfragen.

Die Betrachtung aller Medientypen führt zu einer Dichte an Daten und erlaubt die notwendige Tiefe für die Megatrend-Forschung. Im eigenen Alltag und jenseits großer Research-

Fragen kann Ihnen die Unterscheidung von Medientypen helfen, Fragestellungen umsichtiger und holistischer zu reflektieren.

Aus welchen Medientypen stammen jene Informationen, welche für Sie zu relevanten Entscheidungen führen können? In welchen Medienquellen sind und fühlen Sie sich eher zu Hause? In welcher Medienblase sind Sie vielleicht sogar gefangen?

Dementsprechend: Wo müssen Sie sich etwas mehr anstrengen, um an Informationen zu kommen oder diese geeignet zu verarbeiten? Diese schlichte Unterscheidung von Medientypen kann Ihnen helfen, neue Inspiration zu erhalten oder die persönliche Perspektive zu erweitern.

GLOBALE DATEN SÄTTIGEN GLOBALE ERKENNTNISSE

▶ Die dritte Dimension fokussiert auf die sechs kontinentalen Strömungen. In ihrer Grundcharakteristik sind Megatrends globale Phänomene, weshalb wir sie global untersuchen müssen.

Damit ist klar: Welche Daten wir auch erheben, die Quellen müssen immer globaler Natur sein.

So hilft es beispielsweise nicht, ausschließlich Untersuchungen der Europäischen Kommission und europäischer Institutionen zu globalen Effekten in Afrika auszuwählen. Auch wenn solche Untersuchungen spannende Insights bereithalten, benötigen wir für den Megatrend Research zusätzlich Daten aus Afrika. Auch andere kontinentale Perspektiven sind notwendig, um dem Kriterium der Globalität zu entsprechen.

Jeder Research zu einem Megatrend – sagen wir Globalisierung – beginnt mit dem Erschließen von Quellen auf allen Kontinenten.

Es ist kein Geheimnis: Manche Grenzen sind schwierig zu durchbrechen. Daten aus chinesischen Quellen zu erhalten ist schwierig bis unmöglich. Hier braucht es Insiderwissen und gute Alternativquellen, die für den Research-Prozess genutzt werden können.

Sie können sich vorstellen: In diesem ersten Schritt steckt viel Arbeit. Sie ist sehr wertvoll, weil diese Daten die Grundlage der nachfolgenden Auswertungen darstellen. Traditionelle Desktop-Research-Verfahren reduzieren sich darauf, zum Forschungsgegenstand X bunt gemischtes Material (vornehmlich Statistiken) zu sammeln, händisch zu selektieren und die gewonnenen Ergebnisse mit persönlichen Interpretationen angereichert zu publizieren.

Das reicht im Megatrend Research nicht aus. Wir gehen weiter und tiefer.

In Summe ist die PWLG-Datenmatrix ein praktisches Werkzeug. Es hilft, die Suche nach Datenquellen zu organisieren, und sichert die Qualität. Durch eine schlichte Visualisierung der Datenquellen kann auf einen Blick erkannt werden, wo blinde Flecken sind oder wo genug Informationen zur Verfügung stehen. So lassen sich unterschiedliche Verzerrungen (Bias) im Vorfeld der Erkenntnisgenerierung bereits entdecken.

Diese Form der Präsentation zeigt einerseits den Anspruch, so systemübergreifend und weit wie möglich zu analysieren. Andererseits werden die Kriterien der Megatrends bereits von vornherein richtig adressiert.

Wir verfolgen einen Research-Ansatz, der die Analyse systemischer Zusammenhänge ermöglicht und zugleich unterschiedliche Dimensionen abdeckt.

Bei der operativen Datenerhebung gehen wir zunächst nach dem »Wide Data«-Prinzip vor. Wir erheben möglichst breit Daten zum Forschungsgegenstand in unterschiedlichen Medientypen. Dies ist wichtig, um den Grad der Sättigung von Trends ermitteln zu können.

Die Einschätzung der Qualität und Güte der Daten ist ein elementarer Faktor des Megatrend Research und wird für alle Nutzerinnen und Nutzer transparent dargelegt, wie wir später anhand unserer Studie zum Megatrend Globalisierung aufzeigen werden.

KONKRETE VORTEILE DES ANSATZES

▶ Für die Nutzer bringt der Einsatz der PWLG-Datenmatrix im Vergleich zu anderen Erhebungsmethoden konkrete Vorteile:

- Die Erfassung von **internationalen Medienformaten** und die Berücksichtigung von **gesellschaftlichen Subsystemen** sowie **kontinentalen Strömungen** bringt keine punktuellen, isolierten Befunde, sondern belastbare, dichte Erkenntnisse zu Trendentwicklungen, die für Unternehmen relevant sind.

- Die PWLG-Datenmatrix ermöglicht einen angemessenen Umgang mit der **Bias-Problematik**, welche die Aussagekraft herkömmlicher Verfahren limitiert. Unterschiedliche Herangehensweisen in der Beobachtung und im Umgang mit Trends werden besser sichtbar.

- Die Nutzung der Datenmatrix verhindert in der Folge **»blinde Flecken«** in Erkenntnisprozessen (Blasenproblematik), weil unterschiedliche gesellschaftliche Subsysteme und Medieninhalte von Anfang an berücksichtigt werden. Auch lokalen oder nationalen Verzerrungen wird vorgebeugt. Die Logik der Matrix eignet sich daher gut, um unternehmerische Entscheidungsgrundlagen zu prüfen.

Wer in der Geschäftsführung eines Unternehmens Entscheidungen treffen muss, braucht optimale Entscheidungsgrundlagen. Mitunter weisen vorbereitete Unterlagen, Konzepte oder Dossiers aber relevante Lücken in der Analyse auf – beziehungsweise sind zu sehr meinungsgeprägt.

Um Zukunftsentscheidungen verlässlicher zu treffen, können folgende Fragen die »blinden Flecken« aufdecken und den Sättigungsgrad erhöhen:

- Welchen **regionalen Fokus** müssen meine Daten haben? Benötige ich globale Insights, oder fokussiere ich auf ein lokales oder nationales Problem?

- Habe ich alle vier **Subsysteme der Gesellschaft** (PWLG) berücksichtigt? Auf welches Subsystem fokussiere ich besonders stark? Welche Beziehungen zwischen Politik, Wirtschaft, Legitimation und Gemeinschaft sind für meine Fragestellung relevant?

- Aus welchen **Medientypen** erhalte ich meine Informationen? Befinde ich mich in einer medialen Blase? Wo kann ich noch weitere Quellen finden, die mir einen Erkenntnisgewinn liefern?

AUF DIE SUCHE, FERTIG, LOS

▶ Nun ist das Gerüst gebaut. Die PWLG-Datenmatrix gibt die Erhebungsstruktur vor. Wir wollen im Kontext eines Megatrends – sagen wir Globalisierung – Quellen identifizieren, um die aktuellen Trends zu analysieren.

Diese Phase umfasst mehrere Schritte, die sorgfältig geplant und durchgeführt werden müssen, um sicherzustellen, dass die Daten, die für die Analyse gesammelt werden, relevant und von hoher Qualität sind.

Zu Beginn muss der **inhaltliche Suchrahmen** abgesteckt werden. Untersuchen wir den Megatrend »Globalisierung«, ist der Begriff per se der primäre Suchbegriff. Außerdem können auch Synonyme als Suchbegriffe verwendet werden. Internationalisierung oder Globalität sind gute alternative Suchbegriffe, um in verschiedenen Suchmaschinen und -tools (je nach Medientyp) zu starten.

Um den zeitlichen Horizont der Daten einzugrenzen, muss jetzt der **Zeitraum** für die Datenerhebung definiert werden. Das Startdatum markiert den frühesten Beitrag, der in die Analyse einbezogen wird. Im Megatrend Research sollte es etwa drei Jahre in der Vergangenheit liegen, um eine ausreichende Tiefe der Trendforschung zu gewährleisten.

Bedenken wir, dass wir im Megatrend Research die **aktuellen Trends** identifizieren wollen und die Megatrends als Anwendungsbereich gesetzt sind. Das Enddatum ist das aktuelle Datum, an dem Daten erhoben werden.

Es ist wichtig, den **Aufwand** für die Datensammlung zu bestimmen und festzulegen, welche Zugänge benötigt werden, um auf relevante Daten zuzugreifen. Dabei sollte geklärt werden, ob Daten über Schnittstellen beschafft werden können oder ob es Zugangsbeschränkungen wie Bezahlschranken gibt, die den Datenzugriff erschweren könnten.

In diesen Fällen muss abgewogen werden, ob sich die Datenerhebung beispielsweise monetär lohnt. Für die **Projektsteuerung** ist ebenfalls relevant, wie viel manuellen Aufwand die Suche mit sich bringt. Konkret: Wie viel Zeit muss für die Datenerhebung einkalkuliert werden?

Basierend auf diesen Überlegungen sollte eine Einschätzung des gesamten Aufwands für die Datensammlung vorgenommen und ein entsprechender Zeitplan erstellt werden.

Ein weiterer wichtiger Schritt ist die Festlegung eines **Abbruchkriteriums** für die Datensammlung. So kann auch die Frage beantwortet werden, zu welchem Zeitpunkt die Datenerhebung gestoppt werden kann. Im Megatrend Research wird die theoretische Sättigung als Abbruchkriterium empfohlen. Im Kontext ist die theoretische Sättigung erfüllt, wenn neue Daten keine weiteren relevanten Erkenntnisse (Codes und Konzepte) generieren.

Dies bedeutet, dass die Datensammlung als abgeschlossen betrachtet und der Fokus auf die Analyse und Interpretation der vorhandenen Daten gelegt werden kann. Natürlich sind die Schritte Datenerhebung, Analyse und Interpretation keine linearen Schritte, sondern iterativ durchzuführen. Dies bedeutet, dass es insbesondere bei der Erhebung und Analyse von Daten zu einem intensiven Austauschprozess kommt.

Daten werden erhoben und analysiert, gleichzeitig werden nicht gesättigte Codes oder Konzepte durch weitere Daten angereichert. Bis eine weitere Datenerhebung zu keinen neuen Erkenntnissen mehr führt.

Nachdem die Rohdaten gesammelt sind, müssen sie bereinigt und benannt werden, um die Verwendung in den Analysetools zu erleichtern und vor allem eine einheitliche Logik für das gesamte Research-Team zu gewährleisten. Ganz pragmatisch: Ein Speicherort muss für die gesammelten Daten festgelegt werden, der sicher und leicht zugänglich ist. Hierzu bieten sich diverse Cloud-Speicher an.

Die Phase der Datenerhebung (Sampling) ist ein kritischer Schritt im Megatrend Research, der sorgfältig geplant und durchgeführt werden muss, um sicherzustellen, dass die gesammelten Daten von hoher Qualität und Relevanz für die vorliegende Fragestellung sind.

PWLG-NETZWERKANALYSE: SYSTEMISCH UND VERNETZT

▶ Im Rahmen der PWLG-Datenmatrix werden erhebliche Datenmengen zum jeweiligen Megatrend gesammelt. Mehrere Hundert Dokumente aus unterschiedlichen Medientypen dienen als Grundlage der Analyse. Bei der Globalisierungsstudie des Zukunftsinstituts wurden etwa 250 umfangreiche Dokumente analysiert. Dabei wurden alle Felder der PWLG-Datenmatrix befüllt.

Dies bedeutet, dass auf der y-Achse die Medientypen und auf der x-Achse die Subsysteme der Gesellschaft (PWLG) verortet werden. So erhalten wir eine Matrix mit 16 Feldern (4x4). Die dritte Dimension umfasst die sechs kontinentalen Strömungen. Diese werden in den 16 Feldern direkt verortet. Zu erkennen ist, dass innerhalb des Forschungsprozesses zur Globalisierung das Feld Legitimation-Reichweite die

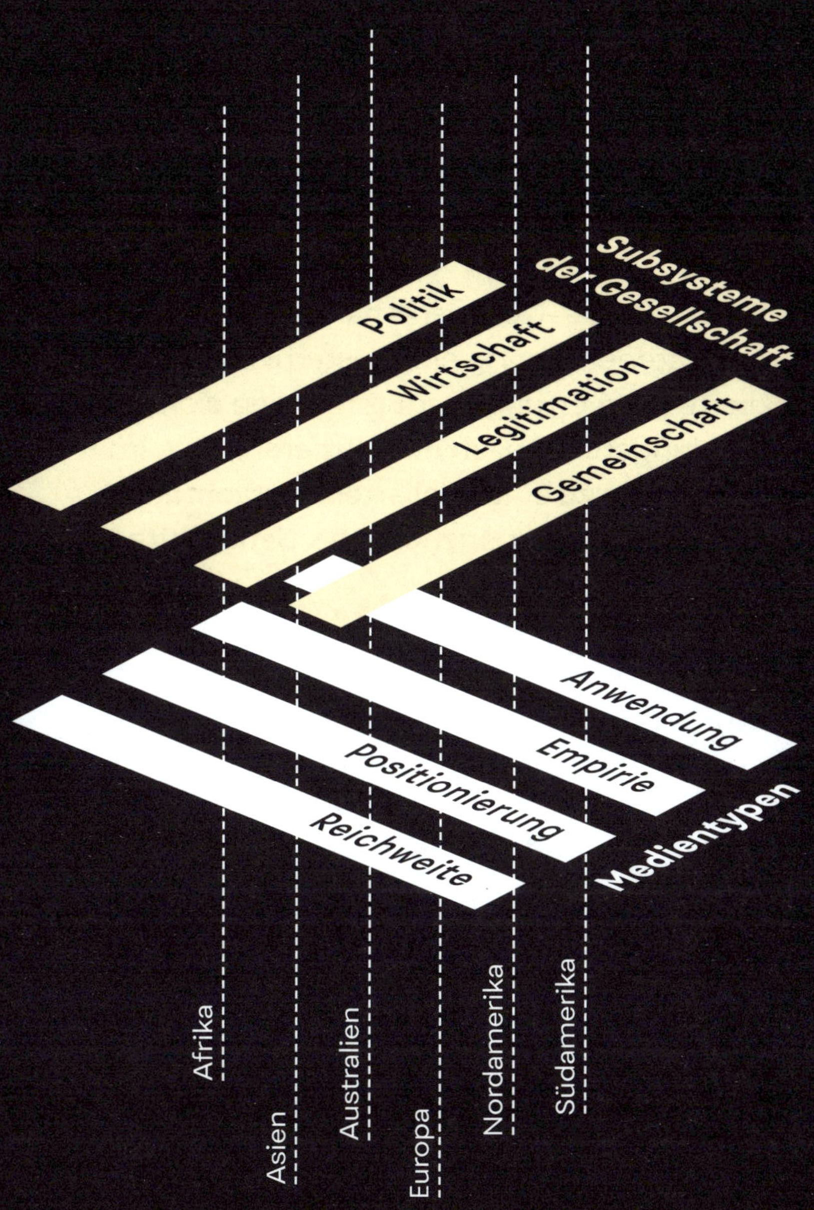

Kontinentale Strömungen

wenigsten Quellen, das Feld Gemeinschaft-Positionierung die meisten Datenquellen aufweist. Auf der kontinentalen Ebene sind südeuropäische Quellen am häufigsten und südamerikanische Quellen am wenigsten in den Forschungsprozess aufgenommen worden.

Mit der PWLG-Netzwerkanalyse erfolgt nach der Datenerhebung eine systemisch fundierte Auswertung: Dadurch lassen sich Entwicklungstendenzen identifizieren, die – im Gegensatz zu einer isolierten Betrachtung – tatsächlich eine ganzheitliche, dauerhafte Wirkung entfalten.

Es ist Zielsetzung und Ergebnis dieses Schrittes, die Megatrend-Räume zu identifizieren, die eine langfristige Stabilität in der Veränderung garantieren.

Megatrend-Räume bilden ein verdichtetes Bündel an Veränderungsbewegungen ab. Diese Räume dienen als Grundlage der Experteninterviews. Man könnte auch sagen: Es handelt sich um einen dem Megatrend innewohnenden Handlungsraum, an dem die Anschlussfähigkeit für Unternehmen gegeben ist, um einen Megatrend für sich zu nutzen.

Der Vorteil der Megatrend-Räume liegt in deren zeitlicher Stabilität. Während Trends teilweise sehr kurze Hypes darstellen, bilden langfristige Megatrend-Räume eine stabile Orientierung für die Zukunftsarbeit von Organisationen. Zudem sind diese Räume konkret genug, um aktiv Handlungen und Maßnahmen treffen zu können.

Es sind die für unsere Kundinnen und Kunden entscheidenden Handlungsräume, die für ein Jahrzehnt Relevanz besitzen.

Im Folgenden werden wir Ihnen die spezifischen Analyseschritte zur Identifikation der Megatrend-Räume näher erläutern:

Identifikation von Codes

Der erste Schritt im Forschungsdesign ist die Identifizierung von Codes. Codes sind Benennungen oder kurze Phrasen, die ein bestimmtes Thema, einen relevanten Punkt oder eine Emotion repräsentieren. Sie emergieren aus den gesammelten Daten und haben eine besondere Bedeutung für den untersuchten Megatrend.

In diesem Prozess ist die »Lemmatisierung« von großem Wert. Sie bezeichnet einen Prozess, bei dem die verschiedenen Formen eines Wortes auf ihre Grundform reduziert werden.

Zum Beispiel werden die Wörter »laufend«, »gelaufen« und »läuft« auf das Lemma »laufen« reduziert. Dies erleichtert die Analyse, da es die Anzahl verschiedener Begriffe, die berücksichtigt werden müssen, reduziert. Darüber hinaus werden Stoppwörter, häufig vorkommende Wörter ohne thematische Relevanz, wie »und«, »oder«, »aber« entfernt.

Netzwerk von Codes

In diesem Schritt werden die verbleibenden Codes in ein Netzwerk umgewandelt. Ein Netzwerk besteht aus Knoten (die in diesem Fall die Codes repräsentieren) und Verbindungen zwischen den Knoten (die die Beziehungen zwischen den Codes repräsentieren).

Die Analyse des Netzwerks kann Aufschluss geben, welche Codes miteinander in Beziehung stehen.

Folglich wird die klassisch lineare Ursache-Wirkungs-Logik ausgehebelt. Anstelle des direkten Schlusses bieten kausale Rückkopplungsschleifen die Möglichkeit der Hebelidentifikation.

Relevanz von Codes

Nachdem das Netzwerk erstellt wurde, erfolgt die Extraktion der einflussreichsten Schlüsselwörter. Diese werden anhand ihrer Position im Netzwerk und ihrer Verbindungen zu anderen Codes ermittelt. Hierbei spielt die Häufigkeitsbetrachtung eine wichtige Rolle – so vereint sich qualitative und quantitative Forschung.

Je mehr Verbindungen ein Code hat und je zentraler er im Netzwerk ist, desto relevanter ist er für den untersuchten Megatrend.

Clustering der Codes

In diesem letzten Schritt werden ähnliche Codes, die in den Texten in Beziehung zueinander stehen, in Bündeln zusammengefasst. Dies geschieht optimalerweise mittels künstlicher Intelligenz (KI) – die Menge an Vernetzungen und Zusammenhängen ist für das menschliche Gehirn nahezu nicht erkennbar.

Die Cluster sind jene Megatrend-Räume, die für den untersuchten Megatrend relevant sind.

Durch die tiefgreifende Vernetzung der verschiedenen Codes ist die zeitliche Stabilität der Megatrend-Räume weitaus stärker als die einer jeden Trend-Analyse.

Wir gehen schrittweise vor: Die Netzwerkanalyse wird zuerst auf die jeweiligen Subsysteme der Gesellschaft (Politik, Wirtschaft, Legitimation, Gemeinschaft) angewandt. Damit lassen sich die Handlungsräume in den einzelnen Subsystemen der Gesellschaft erkennen.

Nehmen wir jetzt die exemplarischen Handlungsräume der Globalisierung eines jeden Subsystems unter die Lupe:

- **Politik:** Auf der politischen Ebene sind die Handlungsräume Klimawandel, internationaler Handel und Migration zu nennen.

- **Wirtschaft:** Für die Wirtschaft sind der internationale Handel, wirtschaftliche Zusammenarbeit und Nachhaltigkeit primär.
- **Legitimation:** Innerhalb der Legitimation sind Themen der nationalen Sicherheit, der internationale Handel sowie die globale Gesundheit relevant.
- **Gemeinschaft:** Die Gemeinschaft fokussiert auf Handlungen der Wirtschaftspolitik, des Preisanstiegs sowie der Sicherheit für Frauen.

Gut zu sehen ist, dass jedes Subsystem generell eine eigene Gewichtung an Handlungen im Megatrend Globalisierung vornimmt.

Interessant für die Zukunftsbetrachtung ist, wenn alle vier Subsysteme der Gesellschaft ganzheitlich analysiert werden. Dies ist der nächste Schritt, in dem die systemübergreifenden Megatrend-Räume entstehen.

Die Verdichtung der Codes und die Analyse der Beziehungen führen dazu, dass eine klare Benennung der Megatrend-Räume erfolgen kann. Im Kontext der Globalisierung sind nach einem iterativen Prozess sechs relevante

Megatrend-Räume der nächsten Dekade identifiziert worden.

Beispiele: »Die qualitative Globalisierung meistern« oder »Green Transformation«.

- Der Megatrend-Raum »Die qualitative Globalisierung meistern« umfasst folgende Themen: Die Globalisierung verändert sich vom Fokus auf quantitatives Wachstum hin zu qualitativem Austausch, wobei Themen wie Klimafreundlichkeit und gemeinsame Werte an Bedeutung gewinnen.

  In diesem Kontext sucht Europa neue Partnerschaften mit aufstrebenden Märkten außerhalb der USA und Chinas, um wettbewerbsfähig zu bleiben und globale Herausforderungen zu bewältigen.

  Ressourcenknappheit beeinflusst den internationalen Handel und fördert Strategien wie Recycling und strategische Rohstoffbeschaffung. Unternehmen legen Wert auf resiliente Lieferketten, sie diversifizieren ihre Partnerschaften, um ethischen und moralischen Grundsätzen gerecht zu werden.

Als Handlungsempfehlung für Unternehmen gilt, strategische Partnerschaften aufzubauen, klimafreundliche Lieferketten zu etablieren und effizient mit Ressourcen umzugehen.

- Der Megatrend-Raum »Green Transformation« betont die Notwendigkeit einer gemeinschaftlichen und intelligenten Herangehensweise an die grüne Transformation der Wirtschaft.

  Internationale Zusammenarbeit ist unerlässlich, wobei sowohl CO_2-Reduktion als auch soziale Gerechtigkeit und Armutsbekämpfung berücksichtigt werden müssen. Innovative Technologien und Geschäftsmodelle, beispielsweise von Start-ups, sind entscheidende Treiber für eine nachhaltige Wirtschaft.

  Anstelle von Verboten sollten Anreize geschaffen werden, die sowohl für Unternehmen als auch für Einzelpersonen attraktiv sind. Unternehmen selbst können durch Maßnahmen wie Bildungsinitiativen, Forschungsinvestitionen und einer nachhaltigen IT-Strategie einen wesentlichen Beitrag leisten.

Auf Grundlage der identifizierten Megatrend-Räume werden Experten und Expertinnen ausgewählt, um Interviews zur Identifikation von Trends durchzuführen. An dieser Stelle sei noch einmal der zeitliche Horizont erwähnt: Megatrend-Räume bündeln Veränderungsbewegungen einer Dekade; Trends hingegen sind kurzfristig und umfassen circa drei Jahre.

Megatrend-Räume sind für Unternehmen Anknüpfungspunkte, sich intensiver mit Megatrends auf der strategischen oder visionären Ebene auseinanderzusetzen. Innovation und das Entdecken von akuten Chancen (etwa hinsichtlich der Kommunikation oder des Marketings) bietet hingegen die Trendbeobachtung.

Die PWLG-Netzwerkanalyse hat den großen Vorteil, dass man klar zwischen kurzlebigen Trends und längerfristig relevanten Megatrendräumen differenzieren kann. Welcher Erkenntnisbereich der »richtige« ist, hängt von der konkreten Fragestellung des Unternehmens ab.

Es ist unternehmenspolitisch nicht notwendig, aufgrund kurzfristiger Trends die Strategie oder die Positionierung des Unternehmens zu ändern.

Im Gegenteil: Das unreflektierte, hastige Reagieren auf kurzfristige Entwicklungen, die limitierte Bedeutung haben, kann die langfristige Unternehmensentwicklung gefährden. Hier stolpern Unternehmen oft in die Trend-Falle: Neues wird überschätzt, gehypt und (zu) schnell in die Unternehmung gebracht.

Ein scheinbar endloser Kreislauf der Integration von neuen Themen führt zur Erschöpfung des Systems. Entscheidend für Organisationen ist, jene Megatrend-Räume zu erkennen, welche für sie im Kontext der aktuellen Herausforderungen von größter Relevanz sind. Die Orientierung an den großen Veränderungsbewegungen kann die stabilisierende Kraft sein.

Die Identifikation von Megatrend-Räumen macht die betriebliche Zukunft berechenbarer und besser gestaltbar.

EXPERTEN, INTERVIEWS UND EXPERTISE: TRENDS ANALYSIEREN

▶ Die Entdeckung der Megatrend-Räume ist abgeschlossen. Eine stabile Orientierung für Handlungen über eine Dekade ist möglich. Jedoch vollzieht sich das operative Geschäft eher kurzfristiger. Aus diesem Grund werden die aktuellen Trends in den Megatrend-Räumen untersucht. Hierzu bedienen wir uns qualitativer Experteninterviews.

Mit offenen Fragen geben wir den Experten einen Rahmen, um deren Know-how greifbar zu machen.

Einerseits zielen die Fragen auf die Trends innerhalb der Megatrend-Räume, zum anderen befragen wir die Experten sehr breit zum Megatrend, um nicht vorhandene oder nur unzureichend erfasste Aspekte abzudecken beziehungsweise die Sättigung der Ergebnisse voranzutreiben.

Im Kontext von Experten- und Expertinneninterviews wird eine Frage oft gestellt: Wie viele Interviews müssen durchgeführt werden? Eine einfache Antwort wäre: acht bis zwölf. Aber je nach Fragestellung können dies natürlich mehr oder weniger sein. Auch der Zugang zu Interviewpartnern ist ein entscheidendes Kriterium. Nicht jede Person hat oder nimmt sich Zeit.

Generell lautet die Antwort bezüglich der Anzahl der Interviews: »Wenn eine weitere Datenerhebung zu keinen neuen Erkenntnissen führt, kann sie beendet werden.«

Die Auswahl von Experten und Expertinnen für den Megatrend Research ist ein kritischer Prozess, der auf klar definierten Kriterien basiert. Nicht jede Person ist ein Experte/Expertin oder kann in den Interviewprozess sinnvoll eingebunden werden. Um als Experte/Expertin zu gelten, muss eine Reihe von Anforderungen erfüllt sein. An dieser Stelle sei noch einmal erwähnt, dass ein Influencer kein Experte ist. Höchstens im Bereich des Influencens.

Kommen wir zu den vier Kriterien der Experten- und Expertinnenauswahl:

- **Verantwortung und Umsetzung von Problemlösungen:** Ein Experte oder eine Expertin zeichnet sich dadurch aus, dass er/sie Verantwortung für die Lösung eines bestimmten Problems oder einer Herausforderung übernimmt und auch maßgeblich an der Umsetzung der Lösung beteiligt ist. Das bedeutet nicht nur, fachliche Kompetenz für die Problemlösung zu haben, sondern die Umsetzung der Lösungsansätze auch praktisch zu verantworten und zu begleiten.

  Es zeigt, dass die Person nicht nur theoretisches Wissen besitzt, sondern es auch in die Praxis umsetzen kann.

- **Exklusiver Zugang zu Informationen:** Ein Experte oder eine Expertin zeichnet sich dadurch aus, dass er/sie exklusiven Zugang zu nicht allgemein verfügbaren Informationen hat. Dies könnten beispielsweise Insiderwissen, der Zugang zu Forschungsdaten oder zu spezifischen Netzwerken sein, die anderen Personen oder Organisationen nicht zugänglich sind.

Der exklusive Zugang zu Informationen bietet einen tieferen Einblick in Themen als die oberflächliche Betrachtung.

- **Nachweisliche Fähigkeiten und Know-how:** Weitere Kriterien sind das fundierte Wissen und die Fähigkeiten des Experten oder der Expertin. Es sollte möglich sein, deren Qualifikationen und Erfahrungen klar und nachvollziehbar darzustellen.

  Dabei geht es nicht nur um akademische Qualifikationen, sondern auch um praktische Erfahrungen und Fachkenntnisse, die die Fähigkeit der Experten und Expertinnen unterstreichen sowie fundierte Urteile in ihren Fachgebieten treffen lassen.

- **Führung und Anleitung von Menschen:** Schließlich sollten der Experte und die Expertin anerkannte Autoritäten in ihren Fachgebieten sein sowie andere Menschen führen und anleiten.

Dies kann durch eine Führungsposition in einer Organisation, durch Weiterbildung, durch die Leitung von Projekten oder Instituten gewährleistet sein.

Durch die strenge Auswahl von Experten und Expertinnen, die mindestens drei dieser vier Kriterien erfüllen müssen, wird sichergestellt, dass die im Rahmen des Megatrend Research gesammelten Daten von hoher Relevanz und Qualität sind. Die Auswahl der Expertinnen und Experten wird durch diese Kriterien für die Researcher anspruchsvoll, keine Frage. Nicht nur, dass die Suche ein schwieriger Prozess ist, vielmehr sind die hochkarätigen Experten und Expertinnen auch zeitlich schwer zu greifen.

Aber ohne diese Tiefe bei der Experten- und Expertinnenauswahl bleiben die Erkenntnisse auf sehr oberflächlichem Niveau.

Anders ausgedrückt werden nicht die neuen Trends identifiziert, sondern lediglich generische Aussagen abgeleitet. Und seien wir ehrlich: Nachhaltigkeit und Digitalisierung sind nicht auf alle Fragen die richtige Antwort. Unser Anspruch ist es, dass der Research belastbare und anwendbare Ergebnisse hervorbringt.

In Diskussionen sowohl im Zukunftsinstitut als auch mit Partnern oder Kunden ist uns aufgefallen, dass die Identifikation und die Auswahl von Experten und Expertinnen – unabhängig vom Anlass – schwierig sind.

Zu laut ist das Gebrüll auf dem Marktplatz der Social-Media-Plattformen, Großveranstaltungen und dergleichen.

Oft wirkt es so, dass sich zu solchen Anlässen »Experten und Expertinnen« durchsetzen, die ein ausgeprägtes Kommunikations- oder Erzählvermögen haben. Doch merke: Wer auf einer Bühne glänzen kann, ist noch lange kein Experte. In erster Linie ist der- oder diejenige zunächst ein guter Speaker – die inhaltliche Tiefe ist zumeist sehr sekundär. Die Bühne ist kein Ausschlusskriterium für Experten und Expertinnen, aber eben auch kein Qualitätskriterium an und für sich.

Das inflationäre Expertentum, das in (sozialen) Medien massive Verbreitung gefunden hat, streut Meinungen, Behauptungen und schöne Ideen – aber nicht Expertise.

Influencer und Gurus »zeichnen« sich dadurch aus, dass sie keine eigenen Inhalte generieren, sondern nur Inhalte anderer verbreiten. Bei den Expertinnen und Experten, die das Zukunftsinstitut in sein Research-Verfahren einbezieht, ist das nicht der Fall. Sie haben mindestens drei der vier Kriterien erfüllt und werden vom Zukunftsinstitut nur für die im Expertenraum befindlichen Fragestellungen herangezogen.

Die beteiligten Expertinnen und Experten sind in den Produkten des Zukunftsinstituts natürlich auch ausgewiesen, wie das Beispiel aus der Studie zum Megatrend Globalisierung zeigt. Konkret werden hier neun Experten interviewt.

Eine konsequente Qualitätsorientierung bei Auswahl und Einsatz von Expertinnen und Experten bringt konkrete Vorteile:

- Im Rahmen des Forschungsprozesses wird eine hochkarätige, praxisorientierte Expertise eingebunden, um die Trends in den Megatrend-Räumen zu identifizieren.

- Das strenge Auswahlverfahren des Zukunftsinstituts gibt Unternehmen die Sicherheit, dass nur relevante Expertinnen und Experten beteiligt sind.

- Durch die qualitativ hochwertige Experten- und Expertinnenauswahl werden keine Meinungen oder persönliche Präferenzen publiziert.

- Mit seinen Qualitätskriterien für Expertinnen und Experten setzt das Zukunftsinstitut auch Standards zur besseren Orientierung von Unternehmen und Branchen im heute weit gespannten Feld des »Expertentums« – und hilft, die Spreu besser vom Weizen unterscheiden zu können.

Vielleicht helfen Ihnen diese Kriterien, wenn Sie selbst auf der Suche nach Expertinnen oder Experten sind.

Ob Forschungsprojekt, Event, Beratung oder Deep Dive: Die Qualität macht den Unterschied, der sich auf die daraus resultierenden Entscheidungen auswirkt.

Die richtigen Experten auswählen

Entscheidungen sollten auf fundierten Erkenntnissen basieren und nicht auf Basis von persönlichen Meinungen erfolgen. Dennoch hat die Meinungshegemonie aktuell in den sozialen Medien Hochkonjunktur. Die Menge an Informationen, die täglich auf uns einprasseln, ist für das menschliche Gehirn kaum noch verarbeitbar.

Um nicht in die Designfalle zu tappen – sprich lediglich auf die am besten gestalteten oder konsumierbaren Informationen zu setzen –, können vier Fragen zur Einschätzung der Qualität des Experten oder der Expertin gestellt werden:

- Haben Experte oder Expertin bereits die Lösung eines Problems verantwortet und diese auch praktisch umgesetzt?

- Verfügen Experte oder Expertin über einen exklusiven Zugang zu Informationen?

- Können Experte oder Expertin glaubhaft ihre Fähigkeiten und Erfahrungen nachweisen?

- Führen Experte oder Expertin im Themengebiet Menschen, oder leiten sie Menschen an?

Wie gesagt: Drei der vier Fragen sollten mit Ja beantwortet werden.

SYSTEMISCHES CODING: VERBUNDEN UND VERTIEFT

▶ Die Durchführung der Experten- und Expertinneninterviews dauert je nach Fragestellung circa 60 Minuten. Im Anschluss daran wird das Audiofile transkribiert, sodass ein Textdokument entsteht. Die Daten werden nun in einem mehrstufigen Kodierprozess (Coding) so weit verdichtet, dass zum Schluss die relevanten Trends zum Megatrend ermittelt werden können.

Das systemische Coding umfasst drei Schritte:

1. Identifikation von Codes
2. Ermittlung von Konzepten
3. Benennung von Trends

Im ersten Schritt werden die Codes identifiziert.

Dazu werden alle Benennungen oder kurze Phrasen, die ein bestimmtes Thema, einen relevanten Punkt oder eine Emotion repräsentieren, extrahiert.

Codes sind der erste Schritt, um in großen Datenmengen Muster und wichtige Informationen zu erkennen.

Prozessual werden Codes aus bestimmten Textstellen herausgefiltert. Das bedeutet, dass im Textdokument bestimmten Passagen (Sätzen, Abschnitten oder einzelnen Wörtern) eine Bedeutung zugeschrieben wird. Dies kann erfolgen, indem bestimmte Fachbegriffe zugeordnet werden oder der Forscher/die Forscherin eigene Begriffsbestimmungen vornimmt.

Innerhalb der Globalisierungsstudie wurden exemplarisch etwa 300 Codes identifiziert. Wichtig ist an dieser Stelle, dass das Coding noch sehr breit erfolgt, das heißt, dass die Benennung nicht zu spezifisch beziehungsweise generisch erfolgen sollte. Eine Verdichtung erfolgt in den weiteren Schritten des systemischen Codings.

Betrachten wir unsere Globalisierungsstudie genauer, können wir exemplarisch folgende Codes benennen: »Connected Cars«, »Beschäftigungsfähigkeit durch Digitalisierung erhalten«, »KI-Unterstützung« oder »Digitale Positivität«.

Empfehlenswert ist der Einsatz künstlicher Intelligenz im ersten Schritt des systemischen Codings, um mithilfe von forschungsspezifischen Prompts akkurate Codes zu erhalten.

Nach den Codes kommt die Ermittlung der (Trend-)Konzepte.

Konzepte repräsentieren zusammengehörige Phänomene, Ideen und Elemente. Hier werden Codes verbunden und als eine Art »Oberkategorie« formuliert, die den Codes einen gemeinsamen Rahmen gibt. Aus den etwa 300 Codes konnten in der Globalisierungsstudie über 40 Konzepte destilliert werden. Nehmen wir exemplarisch die oben aufgeführten vier Beispiel-Codes.

In diesem Kontext führten insgesamt zehn Codes zu folgendem Konzept: »Technologie als Treiber«.

Technologie ist ohne Zweifel einer der relevantesten Treiber der Globalisierung. Investitionen und Fortschritt in diesem Bereich sind eine elementare Grundvoraussetzung, um global erfolgreich zu sein.

Und jetzt kommt der magische Moment, auf den es im Megatrend Research hinausläuft: die Benennung der Trends.

Das Zusammenspiel zwischen den Konzepten ist entscheidend. Welches Konzept ist wie verbunden? Auch in diesem Schritt des Mappings nutzen wir die technologischen Möglichkeiten unserer Zeit. Trends im Megatrend Research sind stets auf einen Zeitraum von ungefähr drei Jahren ausgerichtet.

Wir definieren Trends als beobachtbare, gesättigte Entwicklungstendenzen, die aufzeigen, in welche Richtung sich bestimmte Phänomene entwickeln. Es handelt sich um jene Entwicklungen, die innerhalb eines Megatrends die nächsten Jahre bestimmen.

Der sichtbare Outcome dieser Phase ist ein Bild – ein Trend-Radar. In diesem sind sowohl die Konzepte als auch die Trends abgebildet.

Ebenfalls deutlich werden die zusammenhängenden Konzepte, aus denen die Trends hervorgehen. Der Schritt der Trend-Narration wird bei uns im Team durchgeführt und erfordert ein gewisses Fingerspitzengefühl bei der Benennung und Erfahrung im Trend-Research.

Wir lassen uns Zeit: Worte sind eben nicht nur Worte. Denn die Worte, mit denen die Trends bezeichnet werden, entscheiden häufig über die Anschlussfähigkeit von Research-Ergebnissen.

Ist die Benennung eines Trends zu geläufig, wird dieser von potenziellen Betrachtern weniger beachtet und in alte mentale Schubladen gesteckt. Verkünstelt man sich mit den Begriffen, läuft man Gefahr, Unverständnis zu ernten. In jedem Fall generieren wir Begriffe, die für die beobachteten Trends stehen. Da aber die dahinterliegenden Konzepte im Trend-Radar einsichtig sind, kann man sich schnell ein gutes Bild machen, was hinter dem jeweiligen Trend steckt.

Bleiben wir bei unserem Beispiel. Aus den Konzepten »Technologie als Treiber«, »Strategische Vision einer Nation« und »Geopolitische

Sicherung« konnte schließlich der Trend »Game of Nations« abgeleitet werden.

Er beschreibt die vielschichtige strategische Vision einer Nation in Bezug auf Geopolitik, Wirtschaft und Technologie.

Ziel ist es, die Position einer Nation auf der globalen Bühne zu stärken. Dabei sollten Entscheidungen und Strategien zukunftsorientiert sein und eine gemeinsame Zukunftsvision verfolgen. Geopolitische Überlegungen, etwa Allianzen und internationale Beziehungen, sind zentral. Die Sicherung verschiedener Ressourcen ist entscheidend für die wirtschaftliche Leistung und die nationale Sicherheit.

Die technologische Entwicklung gilt als Schlüsselfaktor für den langfristigen Erfolg.

Das »Game of Nations« ist ein fortlaufender Prozess, der strategisches Denken, Anpassungsfähigkeit und eine nationale Identität erfordert. In der Globalisierungsstudie konnten wir insgesamt zehn Trends identifizieren, die den Megatrend Globalisierung durchdringen. Darunter die Trends »Erschöpftes Europa«,

»Eco Propositions«, »Smart Innovations« oder »Friendshoring«. Das Trend-Radar hinter dem QR-Code visualisiert die ermittelten Trends zum Megatrend Globalisierung.

Das konkrete inhaltliche Forschungsergebnis im Megatrend Globalisierung ist ein neuer Ansatz für unterschiedliche Dimensionen der wirtschaftlichen Zusammenarbeit. War in den vergangenen Jahren vor allem die Tendenz vom Off- zum Nearshoring zu beobachten, wird künftig das »Friendshoring« zur relevanten internationalen Erfolgsstrategie.

Dabei geht es für Länder und Unternehmen darum, Beziehungen zu gestalten, die auf Vertrauen, gemeinsamen Zielen sowie einer langfristigen Zusammenarbeit basieren – unabhängig von der geografischen Lage.

Durch das Friendshoring können Staaten und Unternehmen von den Stärken und Fachkenntnissen ihrer Partner profitieren und gleichzeitig Risiken minimieren oder Effizienzgewinne erzielen. Die zentrale Frage lautet, wie tief das Vertrauen zu diesen Partnern ist.

Auf dieser Basis bilden sich neue Netzwerke und Communitys, neue Institutionen und Vertrauenspartnerschaften.

Künftige Geschäftsbeziehungen basieren auch auf sogenannten Trust-Networks. Friendshoring ist ein elementarer Teil der zukünftigen Wirtschaftsaktivitäten innerhalb der globalen Welt, so ein Ergebnis der Globalisierungsstudie des Zukunftsinstituts.

Das Ziel des Megatrend Research ist die Identifikation von zugehörigen Trends. Jeder Trend ist durch Wechselbeziehungen von Konzepten und Codes determiniert. Neben der qualitativen Herleitung der Trends werden in einem weiteren Schritt quantitative Merkmale eines Trends identifiziert, welche für die anschließende Ausarbeitung der Trends (Output-Generierung) relevant sein werden.

Damit ist die Basis für den finalen Schritt der Ausarbeitung des Megatrend Research gelegt.

OUTPUT: INDIVIDUELL, NACHVOLLZIEHBAR UND VOR ALLEM HANDLUNGSFÄHIG

▶ Die Ergebnisse des gesamten Research-Prozesses werden abschließend für Kundinnen und Kunden des Zukunftsinstituts anwendungsorientiert vertieft und aufbereitet. Die Wahl des Mediums entscheidet über die Art und Weise, wie die Erkenntnisse aus dem Megatrend Research ausgearbeitet werden.

Ein für das Zukunftsinstitut festes Format ist die Megatrend-Studie: eine Publikation, in welcher der gesamte Research Anwendern und Lesern zugänglich gemacht wird.

Die Entwicklung der Studie beginnt mit dem Redaktionsprozess: Gemeinsam mit Autorinnen und Autoren definiert das Forscherteam, auf welche Art und Weise die Trends aus dem Research in der Studie verarbeitet werden. Das Trend-Radar sowie ein Glossar zu den Trends sind feste Bestandteile einer jeden Studie. Darüber hinaus wird in einer Redaktionssitzung festgelegt, welche Themen größer und länger fokussiert werden.

Diesbezüglich wird erörtert, zu welchen Trends stärker mit dem Medium Bild, mit Infografiken oder vordergründig mit Text gearbeitet wird. In jedem Fall ist es einer unserer Selbstansprüche, dass die Research-Ergebnisse bestmöglich anwendbar sind. Für Studien bedeutet dies zum Beispiel, auf die User Experience der Leserinnen und Leser zu achten. Bei Präsentationen gilt es, übersichtlich zu bleiben und die inspirativen Elemente in den Vordergrund zu stellen.

Was wir Ihnen mit dem Hinweis auf den Output vermitteln wollen: Die belastbare Forschung ist das eine, die bestmögliche Anwendbarkeit das andere.

Wir stellen in unserem Netzwerk die jeweils besten Köpfe zusammen, um den höchstmöglichen Grad an Wirksamkeit zu erzeugen. So generieren wir individuelle Outputs für spezifische Kundenanforderungen: Je nachdem, ob Unternehmen das Research-Verfahren für Strategieentwicklung, Innovation, Vision oder Kommunikation nutzen wollen, wird das Ergebnis an diese Anforderung »maßgeschneidert.«

Die Wahl der Instrumente, Tools und Formate, die für die Vermittlung von Ergebnissen des Megatrend Research herangezogen werden, entscheidet nicht selten über den Erfolg.

Es ist entscheidend, dass sich jeder Befund für Unternehmen und Institutionen in seiner Fundierung und Belastbarkeit klar zurückverfolgen lässt. Das ist eine neue Qualität der Ergebnisse der Zukunftsforschung, die für die Anwendung und Umsetzung der gewonnenen Erkenntnisse von großer Bedeutung ist.

GÜTEKRITERIEN: WISSENSCHAFTLICH UND SYSTEMISCH

▶ Zu guter Letzt: Der Megatrend Research des Zukunftsinstituts wird final einer Qualitätsprüfung unterzogen, die sich an klar definierten Gütekriterien orientiert. Die Prüfung umfasst sowohl wissenschaftlich-forschungsmethodische als auch systemische Kriterien.

So stellen wir sicher, dass die Qualität des Researchs in allen Phasen gewährleistet wird – und unsere Ergebnisse belastbare und anwendbare Erkenntnisse bringen.

Denn die Qualität der Erkenntnisse ist für unsere Nutzer elementar, da sie auf dieser Basis wichtige Unternehmensentscheidungen treffen.

Hier die Gütekriterien im Überblick:

Systemdenken: Das Gütekriterium des Systemdenkens bezieht sich auf die Fähigkeit, ein Forschungsproblem im Kontext eines größeren Systems zu verstehen und zu analysieren. Es betont die Bedeutung von Wechselwirkungen, Feedbackschleifen und emergenten Eigenschaften, um die Komplexität des untersuchten Phänomens zu erfassen.

Dieser Ansatz fördert ein umfassendes Verständnis für die Wechselbeziehungen innerhalb des Systems und kann zur Entdeckung von tiefgreifenden Einsichten und Lösungshebeln beitragen.

Gegenstandsangemessenheit: Sie beurteilt, inwieweit der Forschungsprozess dem untersuchten Gegenstand oder Phänomen gerecht wird. Und erfordert, dass die gewählten Methoden die spezifischen Eigenschaften und Kontexte des Forschungsgegenstands angemessen erfassen können. Dieses Kriterium ist besonders relevant, um mehrdimensionale oder schwer quantifizierbare Phänomene zu untersuchen.

Gegenstandsangemessenheit ermöglicht eine differenzierte Beurteilung der Eignung des Forschungsdesigns.

Datentriangulation: Sie bezieht sich auf die Verwendung mehrerer Datenquellen, um ein Forschungsphänomen aus verschiedenen Perspektiven zu betrachten. Durch die Kombination unterschiedlicher Daten soll die Qualität der Megatrend-Forschung gesteigert werden.

Diese Triangulation dient dazu, Schwächen einer einzelnen Datenquelle durch die Stärken einer anderen auszugleichen, und ermöglicht ein umfassenderes Abbild des untersuchten Gegenstandes.

Theoretische Sättigung: Das Gütekriterium der theoretischen Sättigung zeigt auf, wann die Datenerhebung beendet werden kann. Sie wird so lange fortgesetzt, bis keine neuen Erkenntnisse mehr generiert werden können. In diesem Stadium liefert eine weitere Analyse keine zusätzlichen Informationen mehr, die zur Entwicklung der zugrunde liegenden Codes und Konzepte beitragen würden.

Theoretische Sättigung ist ein Indikator, dass die Forschung tief und umfassend genug stattgefunden hat, um die wesentlichen Aspekte des untersuchten Trends zu erfassen.

Konstruktgültigkeit: Sie ist in der qualitativen Forschung ein zentrales Gütekriterium, das die Genauigkeit der Datenauslegung und deren Repräsentation des untersuchten Phänomens beurteilt. Dabei werden nicht nur die identifizierten Themen, Muster und Erkenntnisse berücksichtigt, sondern auch der Kontext des Forschungsgegenstands. Die Konstruktgültigkeit prüft die Übereinstimmung der Forschungsergebnisse mit ähnlichen Konstrukten oder Situationen, die bereits untersucht wurden.

Sie zieht Erfahrungen im Kontext des vorliegenden Materials ebenso in Betracht wie etablierte Theorien und Modelle. Durch das Hinzuziehen von repräsentativen Interpretationen und Expertenmeinungen wird die Glaubwürdigkeit und Übertragbarkeit der Ergebnisse weiter gestärkt.

Praktische Signifikanz: Dieses Gütekriterium bewertet die Relevanz und Anwendbarkeit von Forschungsergebnissen im praktischen Kontext. Es geht über die statistische Signifikanz hinaus, die lediglich die Wahrscheinlichkeit eines Zufallsergebnisses misst. Die praktische Signifikanz beurteilt, ob die Auswirkungen einer Studie tatsächlich eine bedeutsame Größe erreichen, die im Alltag, in der Politik oder in der Praxis von Bedeutung ist.

Dieses Kriterium ist entscheidend, um den tatsächlichen Nutzen und die Relevanz der Forschung für die Gesellschaft oder ein bestimmtes Fachgebiet zu bestimmen.

Intersubjektive Nachvollziehbarkeit: Sie bezieht sich darauf, wie gut Forschungsergebnisse von verschiedenen Beobachtern unabhängig voneinander verstanden und nachvollzogen werden können. In anderen Worten: Methoden, Schlussfolgerungen und Interpretationen müssen für andere Experten und Expertinnen konsistent und transparent dargestellt werden.

Dieses Kriterium ist besonders wichtig für die Glaubwürdigkeit und Akzeptanz der Forschungsergebnisse und fördert die kritische Diskussion sowie die Weiterentwicklung des Untersuchungsbereiches.

Exaktheit der Anwendung: Sie bezieht sich auf die Genauigkeit und Präzision, mit der Forschungsmethoden und Analyseverfahren angewendet werden. Es geht darum, sicherzustellen, dass der Prozess des Megatrend Research ohne Anwendungsfehler durchgeführt wird. Die Forschungsmethodik, die Datenerhebung und -analyse müssen in einer konsistenten und methodisch korrekten Weise durchgeführt werden.

Dieses Kriterium ist entscheidend für die Qualität der Forschung und beeinflusst, wie gut die Ergebnisse hergeleitet werden.

WERT FÜR DIE ZUKUNFT

▶ Zukunft ist längst kein Möglichkeitsraum mehr, noch kommt sie einfach nur auf uns zu. Die Komplexität unserer Zeit zwingt uns anzuerkennen, dass wir nicht darauf warten können, bis etwas möglich wird oder plötzlich da ist. Daher definieren wir die Zukunft als Handlungsraum – im Hier und Jetzt, in der Gegenwart.

Trend- und Zukunftsforschung der alten Art ist auf den Möglichkeitsraum ausgerichtet. Sie versucht, mittels inspirierender Informationen oder linearer Prognostik das Mögliche zu beschreiben. Aber dafür fehlt ihr heutzutage schlichtweg das Fundament.

Zukunft ist kein Möglichkeitsraum mehr, sondern ein Handlungsraum.

Daher müssen die Instrumente, die wir anwenden, um die Trends zu beschreiben und die Zukunft zu gestalten, in der Gegenwart helfen. Nicht durch bloße Inspiration, sondern durch klare Anwendung in der Praxis – sprich: durch Maßnahmen, die wir umsetzen können.

Megatrends sind stabil, weil sie in ihrer Abstraktheit Universalentwicklungen beschreiben. Sie können Menschen in Verantwortung helfen, im Zuviel der Welt eine Ordnung zu erkennen.

Megatrends können im Chaos einen Ruhepol bilden, auf dessen Boden man seine eigenen Vorstellungen des Zukünftigen sortieren kann.

Aber Megatrends taugen nicht, ihnen zu folgen. Daher haben wir den Megatrend Research entwickelt. Dieser ermöglicht es zum einen, in den langfristigen Megatrend-Räumen die Richtung zu finden, zum anderen ermöglicht er, innerhalb der Großeinheiten des Wandels jene Trends zu erkennen, die zu akutem Handeln führen.

Es ist nicht der Megatrend Globalisierung, der einen Handlungsimpuls auslöst. Aber die

Trends »Friendshoring« oder »Eco Proposition« können direkt zu Handlungsimpulsen führen. Sie sind Trends, die innerhalb des Megatrends eine akute Rolle einnehmen.

Unser Ziel ist, den Entscheiderinnen und Entscheidern die Chance zu geben, jenseits des Zukunftsgetöses ihre eigenständigen Handlungsräume zu erkennen, in denen Zukunft gebaut werden kann.

Genau dabei können Megatrend-Räume helfen. Sie repräsentieren nicht die Trends, sondern sie formen jene Handlungsräume, innerhalb derer Zukunft real wird – ohne die kurzfristigen Trends. Definiert man seine eigenen Handlungen auf Basis der Megatrend-Räume, beschäftigt man sich unmittelbar mit den aktuellen Trends im Megatrend. Die richtunggebenden Räume werden fortbestehen, die Trends sich allerdings verändern.

Die Trends werden zur Informationsdrehscheibe des Wandels. Innerhalb der Megatrend-Räume gestaltet man seine Zukunft.

Dieses Buch haben wir geschrieben, um Ihnen eine Idee davon zu geben, was unser Ansatz des Megatrend Research bedeutet. Wir wollen Sie einladen, die eine oder andere Anwendung aus dem Megatrend Research auch in Ihrem Alltag einzubauen – denn die Komplexität der Welt endet nicht bei den Megatrends.

Die Vorgehensweisen, die wir im Megatrend Research zusammenbringen, entstammen dem systemischen Denken und Handeln. Gelingt es Ihnen, das eine oder andere zu adaptieren, haben Sie einen Schritt in Richtung Zukunftsgestaltung gemacht. Der gesamte Research-Prozess ist umfangreich und aufwendig. Wie es sich für Megatrends gehört.

Die Ergebnisse sind ansehnlich und nachvollziehbar – sodass es richtig Freude machen kann, sich mit den Zukünften als Handlungsraum zu beschäftigen. Gestalten wir diese einfach. Let's do it.

MEGATREND RESEARCH – AUF DEN PUNKT

1. Die Zukunft ist ein konkreter Handlungsraum, kein abstrakter Möglichkeitsraum.

2. Die Basis jeder zukunftsorientierten Handlung ist die Nichtlinearität in komplexer Weltumgebung.

3. Angesichts der Komplexität unserer Zeit benötigen wir eine belastbare Zukunftsforschung, die praktisch anwendbar ist.

4. Der Schlüssel liegt im systemischen Umgang mit Komplexität, statt immer nur danach zu streben, Komplexität zu reduzieren.

5. Erst durch das systemische Handeln wird systemisches Denken bedeutsam.

6. Megatrends sind stabile Korridore in langfristige weltweite Veränderungen.

7. Megatrends stützen sich auf umfassende, medien- und systemübergreifende Daten und Expertisen.

8. Die Megatrend-Forschung hilft Menschen und Organisationen, sich klar für die Zukunft zu positionieren und sie zu gestalten.

9. Das Neue emergiert aus dem Erkennen von Mustern in der Verbindung von Trendkonzepten.

10. Organisationen formen die Zukunft, indem sie ihr Innen wirksam mit dem Außen in Beziehung bringen.

Literatur

Beer, St. (1970): *Kybernetik und Management*, Frankfurt am Main: S. Fischer.

von Bertalanffy, L. (1973): *General system theory – Foundations, development, application* (Revised. Aufl.), New York: George Braziller.

Bossel, H. (2004): *Systeme, Dynamik, Simulation – Modellbildung, Analyse und Simulation komplexer Systeme*, Norderstedt: Books on Demand.

von Foerster, H. (1974): *Cybernetics of Cybernetics or the Control of Control and the Communication of Communication*, Urbana, IL: Biological Computer Laboratory, University of Illinois.

Flood, R. L. & Jackson, M. C. (1991): *Creative Problem Solving – Total System Intervention*, Chichester: John Wiley.

Gatterer, H. (2018): *Future Room – Entdecken Sie die Zukunft Ihres Unternehmens*, Hamburg: Murmann Publishers.

Naisbitt, D. & Naisbitt, J. (2018): *Mastering megatrends: Understanding & leveraging the evolving new world*, Singapore: WSPC.

Opielka, M. (2004): *Gemeinschaft in Gesellschaft. Soziologie nach Hegel und Parsons*, Wiesbaden: VS Verlag für Sozialwissenschaften.

Ossimitz, G. (2000): *Entwicklung systemischen Denkens – Theoretische Konzepte und empirische Untersuchungen*, München/Wien: Profil.

Richmond, B. (1993): »Systems thinking: critical thinking skills for the 1990s and beyond«, in: *System Dynamics Review*, Vol. 9, No. 2, S. 113–133.

Richmond, B. (1994): »Systems thinking/system dynamics: let's just get on with it«, in: *System Dynamics Review*, Vol. 10, No. 2–3, S. 135–157.

Schulze, G. (2006): »Das Steigerungsspiel«, in: Ludwig Heuwinkel: *Umgang mit Zeit in der Beschleunigungsgesellschaft.* Schwalbach: Wochenschau-Verlag, S. 165–168.

Senge, P. (2008): *Die fünfte Disziplin: Kunst und Praxis der lernenden Organisation*, Stuttgart: Klett-Cotta.

Shiller, J. S. (2020): *Narrative Economics: How Stories Go Viral and Drive Major Economic Events*, Princeton Univers. Press.

Simon, F. B. (2009): *Einführung in die systemische Wirtschaftstheorie*, Heidelberg: Carl-Auer Verlag GmbH.

Spencer Brown, G. (1971): *Laws of Form*, London: Allen and Unwin.

Sterman, J. D. (2000): *Business Dynamics – Systems Thinking and Modeling for a Complex World*, Boston et al.: Irwin/McGraw-Hill.

Tewes, S. (2014): *Die Systemdynamische Kodiermethode – Entwicklung einer Forschungsmethode zur Exploration komplexer Modelle*, Dissertation, Universität Duisburg-Essen.

Tewes, S., Tewes, C., Jäger, C. (2018): »The 9×9 of future business models«, in: *International Journal of Innovation and Economic Development*, 4(5), S. 39–48.

West, G. (2019): *Scale, The Universal Laws of Life and Death in Organisms, Cities and Companies*, London: Orion Publishing Group.

Zukunftsinstitut (2021): *Megatrend-Dokumentation.* Frankfurt am Main: Zukunftsinstitut.

Zum Ausgleich für die entstandene CO_2-Emission bei der Produktion dieses Buches unterstützen wir die Bereitstellung von effizienten Kochöfen in Sambia. Die verbesserten Kochöfen verbrauchen zwei Drittel weniger Brennmaterial und verringern so nicht nur den CO_2-Ausstoß, sondern auch die Rodung der lokalen Wälder. Durch die bessere Luftqualität in den Räumen werden Atemwegserkrankungen verringert, und Familien können Zeit und Geld sparen, da weniger Brennmaterial benötigt wird.

Bibliografische Information der Deutschen Nationalbibliothek:
Die Deutsche Nationalbibliothek verzeichnet diese Publikation in der Deutschen Nationalbibliografie; detaillierte bibliografische Daten sind im Internet über http://dnb.de abrufbar.

Druck und Bindung: Gugler GmbH, Melk/Donau
Printed in Austria

ISBN 978-3-86774-775-2

Besuchen Sie uns im Internet: www.murmann-publishers.de
Ihre Meinung zu diesem Buch interessiert uns!
Zuschriften bitte an info@murmann-publishers.de
Den Newsletter des Murmann Verlages können Sie anfordern unter newsletter@murmann-publishers.de